普通高等学校电子信息类系列教材

基于 Arduino 的物联网技术与应用

主 编 王 茜 蒋婷婷 张 林

西安电子科技大学出版社

内 容 简 介

本书是根据本科物联网工程专业的教学需求，结合 Arduino 开源硬件的架构和运作原理编写的。书中详细阐述了 Arduino 的架构原理、开发策略，并探讨了短距离无线通信技术的应用。全书内容分理论篇和实践篇，共 10 章，其中，理论篇内容包括 Arduino 基础知识、Arduino 硬件设计平台——Fritzing、Arduino 的语法基础——C 语言以及短距离无线通信技术；实践篇内容包括基于 Arduino 的蓝牙遥控双色 LED 灯、RFID 门禁系统、红外智能遥控台灯、Wi-Fi 远程控制以及智能家居系统和智慧教室系统的设计与实践。

本书语言清晰易懂，重点突出了创新产品项目设计的内容。本书适合应用型本科院校或高职院校的物联网工程、嵌入式系统等专业，可以作为"物联网通信技术""创新产品开发实训"等课程的配套教材。

图书在版编目 (CIP) 数据

基于 Arduino 的物联网技术与应用 / 王茜，蒋婷婷，张林主编 .

西安 : 西安电子科技大学出版社 , 2025. 6. -- ISBN 978-7-5606-7656-2

Ⅰ . TP368.1；TP393.4；TP18

中国国家版本馆 CIP 数据核字第 2025LF8546 号

策　　划	吴祯娥　刘统军
责任编辑	吴祯娥
出版发行	西安电子科技大学出版社 (西安市太白南路 2 号)
电　　话	(029) 88202421　88201467　　　邮　　编　710071
网　　址	www.xduph.com　　　　　　　电子邮箱　xdupfxb001@163.com
经　　销	新华书店
印刷单位	咸阳华盛印务有限责任公司
版　　次	2025 年 6 月第 1 版　　　　2025 年 6 月第 1 次印刷
开　　本	787 毫米 × 1092 毫米　1/16　　　印　　张　12
字　　数	283 千字
定　　价	39.00 元

ISBN 978-7-5606-7656-2

XDUP 7957001-1

前　言 Preface

　　物联网产业是目前发展较好、应用前景较为广阔的产业，我国对于高素质物联网人才的需求缺口较大。国家提出了"互联网+"等重大战略决策，要求高校人才培养目标和定位必须要与国家发展战略相吻合。为了满足技术和应用发展的要求，我国已有上百所高校开设了物联网工程专业。但近年来移动通信技术的快速发展，对物联网通信技术类课程在内容设置上提出了新的要求，要求课程内容符合技术和行业发展趋势。基于此，笔者编写了本书。

　　本书以 Arduino 为实验平台，在编写时充分考虑了 Arduino 开源硬件的发展及智能硬件的发展，试图探索基于创新工程教育的基本方法。

　　Arduino 是一款使用便捷灵活的开源电子原型平台，它包含硬件（各种型号的 Arduino 开发板）和软件（Arduino IDE）。Arduino 的软硬件设计资料已全面开放，构成了一个可供用户搭建机器人及各类电子项目的开发环境。开源硬件可使用户更容易、更便捷地开发自己的产品，开发者可以直接下载电路图和源代码使用，也可自己动手进一步实现所需要的功能。

　　本书的最大特点是"理论讲解+实践操作"，采用以教材内容为主、微课视频为辅的方式进行讲述，由浅入深、先易后难、先简单后综合地引导读者学习并逐步提高。书中还配套了元器件清单及程序代码等，以便于读者自学。本书还配有讲解理论知识点的微课视频，既可作为电子信息、物联网、计算机等专业开源硬件课程的教材，也可作为信息类的大学生创新创业训练计划项目、高校创新创业教育、大学生计算机设计大赛、物联网大赛、课程设计、毕业设计等的参考书。鉴于物联网通信技术领域的发展日新月异，新技术、新应用层出不穷，为帮助读者及时把握技术发展趋势、拓展专业视野，本书特别整合了丰富的拓展学习资源，读者可通过扫描下方二维码获取相关资料。

本书由吉利学院电子信息工程学院王茜、蒋婷婷、张林担任主编。其中，第1～4章由蒋婷婷编写，第5～7章由王茜编写，第8～10章由张林编写。本书在编写过程中参考了大量的相关著作及网络公开资源，在此对所有原作者致以诚挚谢意。

物联网技术发展非常快，目前正处于迅速发展时期，新思想、新技术、新观点不断提出，书中内容难免会出现疏漏，希望各位读者批评指正。

编　者

2025 年 2 月

目录
CONTENTS

理 论 篇

实　践　篇

理论篇

第1章

Arduino 基础知识

Arduino 是一款便捷灵活、方便上手的开源电子原型平台，包含硬件（各种型号的 Arduino 板）和软件 (Arduino IDE)，适用于艺术家、设计师、电子爱好者等使用。

Arduino 能通过连接多种传感器来感知环境，通过控制灯光、电机和其他装置来实现对环境的监测与交互。开发板上的微控制器可以通过 Arduino 自带的编程语言来编写程序，再编译成二进制文件，烧录进微控制器。其中，Arduino 编程是通过 Arduino 编程语言和 Arduino 开发环境实现的。

Arduino 的硬件主要由开发板和扩展板组成。Arduino 的开发板是以 ATmega 系列单片机为核心的单片机最小系统板，通常包括以下部分：单片机最小系统、USB 通信模块、扩展接口与辅助电路。目前 Arduino 已经可以提供非常全面的扩展板，如电机控制板、无线扩展板、以太网扩展板及温度传感器板等。

1.1 Arduino 概述

在"大众创业、万众创新"的时代背景下，互联网时代需要更加开放、免费、开源的开发系统，而 Arduino 便是一款简单易学、功能丰富的开源平台。

Arduino 硬件平台既具备独立运作的能力，又能与外部设备实现协同作业。例如，Arduino 可以配合多种传感器来感知环境变化，同时它还能控制电机，驱动机械臂、机器人和无人机等设备的运行。

Arduino IDE 软件是专门为 Arduino 开发板设计的编程环境，其开发语言基于 C/C++。用户只需在 Arduino IDE 中编写程序代码，然后再将其上传到 Arduino 开发板中，设备便会按照指令执行相应的操作。

由于其开源的特性，Arduino 已成为目前全球最受欢迎的电子原型开发平台。其简易的开发方式让开发者能够更专注于创意的实现和项目开发的效率，从而节省了大量时间成本。如今，从高等教育中的物联网、电子信息或艺术专业，到初高中的课堂，都开设了与 Arduino 相关的课程，以满足学生对该技术的学习需求。

1. Arduino 的应用

Arduino 犹如一个灵活多变的半成品，它配备了标准化的输入 / 输出接口。通过编程，可以将 Arduino 定制成各种所需的输入 / 输出设备，无论是鼠标、键盘、话筒等输入工具，还是音响、显示器等输出设备，皆可实现。

Arduino 能够轻松集成现有的电子元件，如开关、传感器或者其他控制器，以及 LED、步进电机等输出设备。它甚至能够独立运行，充当一个与软件沟通的接口，例如 Flash、Processing、Max/MSP 等互动软件。值得一提的是，Arduino 的软件部分即 Arduino IDE 基于开放源代码，这意味着用户可以免费下载多种版本，以满足不同的需求。

简而言之，Arduino 的应用潜力较大，可以打造出各种所需的互动设备。Arduino 究竟是什么，完全取决于设计者的创意与需求。

2. Arduino 的特点

在众多单片机及单片机平台中，大部分平台都适用于交互式系统的设计。这些工具不但为用户省去了单片机复杂编程的烦恼，而且提供了便捷易用的工具包。Arduino 同样也简化了开发流程，但相较于其他系统，它在多个方面展现出更为突出的优势，尤其受到老师、学生及业余爱好者的青睐。其主要优势可概括为以下几点。

1) 价格便宜

相较于其他平台，Arduino 开发板的价格更具竞争力。用户不仅可以动手制作较便宜的 Arduino 开发板，也可以选择购买成品。即使是已经组装好的成品，其价格通常也不超过 200 元，性价比较高。

2) 跨平台

Arduino IDE 可以运行在 Windows、macOS 和 Linux 操作系统上，而其他的大部分单片机编译软件都只能运行在 Windows 操作系统上。

3) 简易的编程环境

Arduino 开发环境不仅易于初学者上手，而且还为高级用户提供了丰富的高级应用选项，可以满足不同用户的需求。

Arduino 开发环境与 Processing 编程环境在操作和逻辑上具有相似性，若读者已熟悉 Processing 编程环境，将有助于他们更快地掌握 Arduino 的使用技巧。

4) 软件开源并可扩展

Arduino 软件秉持开源精神，可为经验丰富的程序员提供广阔的扩展空间。其编程语言不仅可以通过 C++ 库进行灵活拓展，还可以选择跳过 Arduino 语言，直接使用 AVR C 编程语言进行编程。此外，用户还可以直接在 Arduino 程序中添加 AVR C 代码，实现个性化的功能开发。

5) 硬件开源并可扩展

Arduino 开发板基于 Atmel 的 ATmega8 和 ATmega 168/328 等单片机。Arduino 基于 Creative Commons 许可协议，所以有经验的电路设计师可以根据需求设计自己的模块，并对其扩展或改进，甚至还可以通过制作实验板来理解 Arduino 是怎么工作的，省钱又省时。

3. Arduino 的发展历程

由于学生经常抱怨找不到便宜好用的微控制器，意大利一家高科技设计学校的老师 Massimo Banzi 决定给学生开发一款教学辅助工具，Arduino 由此产生。Arduino 名字的由来是因为 Massimo Banzi 及其团队喜欢去一家名叫 di Re Arduino 的酒吧，该酒吧是以 1000 年前意大利国王 Arduin 的名字命名的，为了纪念这个地方，他们将这块电路板命名为 Arduino。

2005 年，Massimo Banzi 与 David Cuartielles 对 Arduino 进行了商业开发。为了保持设计的开放源码理念，他们决定采用 Creative Commons(CC) 的授权方式公开硬件设计图。在这样的授权下，任何人都可以生产电路板的复制品，甚至还能重新设计和销售原设计的复制品，而且不需要支付任何费用，甚至不用取得 Arduino 团队的许可。然而，如果重新发布引用设计，就必须声明原始 Arduino 团队的贡献；如果修改电路板，则新的设计也必须使用相同或类似的 Creative Commons(CC) 的授权方式，以保证新版本的 Arduino 电路板也会一样是自由和开放的。被保留的只有 Arduino 这个名字，它被注册成了商标，在没有官方授权的情况下不能使用它。这也是 Arduino 取得成功的一大关键因素。

Arduino 发展十几年，已经有了多种型号及众多衍生控制器。图 1.1 是 Arduino 的注册商标，它使用一个无限大的符号来表示"实现无限可能的创意"。

图 1.1　Arduino 注册商标

1.2　典型的 Arduino 开发板

Arduino 开源硬件主要包含 Arduino 开发板与 Arduino 扩展板。Arduino 开发板是基于开放原始代码简化的 I/O 平台，使用 C、C++ 语言的开发环境，可以与如传感器、通信设备、显示设备、控制设备或者其他可用设备结合使用，也可以单独使用。Arduino 开发板种类很多，包括 Arduino Nano、Arduino LilyPad、Arduino Mega 2560、Arduino Due、Arduino Leonardo、ArduinoYun、Arduino Uno。Arduino 扩展板可以直接插在 Arduino 开发板上使用。随着开源硬件的发展，将会出现更多的开源产品，下面介绍几种典型的 Arduino 开发板。

1. Arduino Nano 开发板

图 1.2 所示为 Arduino Nano 开发板，Arduino Nano 开发板以 ATmega328P 控制器为基础，使用 16 MHz 的石英晶体振荡器，具有 14 只数字输入 / 输出引脚 (其中 3、5、6、9、10、11 引脚可用于 PWM 输出)、8 只模拟输入引脚 (A0～A7)，每只模拟引脚提供 10 位的精度。

图 1.2　Arduino Nano 开发板

2. Arduino LilyPad 开发板

图 1.3 所示为 Arduino LilyPad 开发板，Arduino LilyPad 开发板以 ATmega168V(ATmega 168 低功耗版) 或者 ATmega328V 微控制器 (ATmega 328 低功耗版) 为基础。Arduino LilyPad 开发板主要用于服装设计中，因此采用圆形设计，可以像纽扣一样缝合在衣物上。

图 1.3　Arduino LilyPad 开发板

3. Arduino Mega 2560 开发板

图 1.4 所示为 Arduino Mega 2560 开发板，Arduino Mega 2560 开发板以 ATmega2560 控制器为基础，内含 4 KB 的 EEPROM、8 KB 的 SRAM、256 KB 的内存，使用 16 MHz 的石英晶体振荡器，具有 54 只数字输入 / 输出引脚 (数字引脚 2～13 及 44～46 可用于 PWM 输出)、16 只模拟输入引脚 (A0～A15)，每只模拟引脚提供 10 位的精度。

图 1.4　Arduino Mega 2560 开发板

4. Arduino Due 开发板

图 1.5 所示为 Arduino Due 开发板，Arduino Due 开发板使用 Atmel SAM3X8E ARM Cortex-M3 CPU，是第一个使用 32 位 ARM 内核控制器的开发板。Arduino Due 开发板使用 84 MHz 的石英晶体振荡器，具有 54 只数字输入 / 输出引脚 (其中 12 只可用于 PWM 输出)、12 只模拟输入引脚 (A0～A11)，每只模拟引脚提供 10 位的精度。Arduino Due 开发板另外增

加了 2 个 12 位的数字 / 模拟转换器，具有 4 组 UART 硬件串口 (RX0～RX3、TX0～TX3) 和 1 个 I²C 通信接口 (SCL、SDA)。

图 1.5　Arduino Due 开发板

5. Arduino Leonardo 开发板

图 1.6 所示为 Arduino Leonardo 开发板，Arduino Leonardo 开发板基于 ATmega32U4 单片机。Arduino Leonardo 开发板使用 16 MHz 的石英晶体振荡器，具有 14 只数字输入 / 输出引脚 (0～13，其中 3、5、6、9、10、11、13 引脚可用于 PWM 输出)、12 只模拟输入引脚 (A0～A5，A6～A11)，每只模拟引脚提供 10 位的精度。A0～A5 在未使用时可以当作数字引脚 14～19 使用。

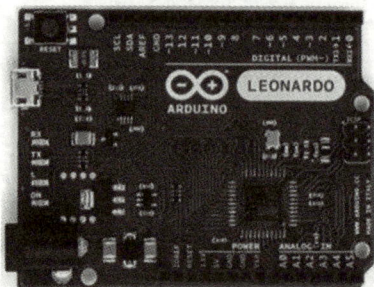

图 1.6　Arduino Leonardo 开发板

6. Arduino Yun 开发板

图 1.7 所示为 Arduino Yun 开发板，Arduino Yun 开发板使用 ATmega32U4 和 Atheros AR9331 微控制器。Atheros AR9331 可以运行于基于 Linux 和 OpenWRT 的操作系统 Linino。Arduino Yun 开发板具有内置的 Ethernet、Wi-Fi、1 个 USB 端口、1 个 Micro 插槽、20 个数字输入 / 输出端口、1 个 Micro USB、1 个 ICSP 插头和 3 个复位开关。

图 1.7　Arduino Yun 开发板

7. Arduino Uno 开发板

图 1.8 所示为 Arduino Uno 开发板，其中 "Uno" 的意大利语是 "一"，用来纪念 Arduino 1.0 的发布。Arduino Uno 开发板基于 ATmega328P 控制器，使用 16 MHz 的石英晶体振荡器，具有 14 只数字输入 / 输出引脚 (0～13，其中 3、5、6、9、10、11 引脚可作为 PWM 输出)、6 只模拟输入引脚 (A0～A5)、1 个标准 USB 接口、1 个电源插座、1 个 ICSP 接头、1 个复位按钮，每只引脚提供 10 位的精度。模拟输入引脚 A0～A5 在不用时可以当作数字引脚 14～19 使用，最多有 20 只数字 I/O 引脚。

图 1.8　Arduino Uno 开发板

在 Arduino 开发板家族中，Arduino Uno 开发板较适合初学者使用，由于它简单易学且稳定可靠，因此也是应用较广泛且参考资料较多的开发板。本书所做的项目均采用 Arduino Uno 作为标准设备，因此本节详细介绍 Arduino Uno 开发板。

图 1.9 详细展示了 Arduino Uno 开发板。

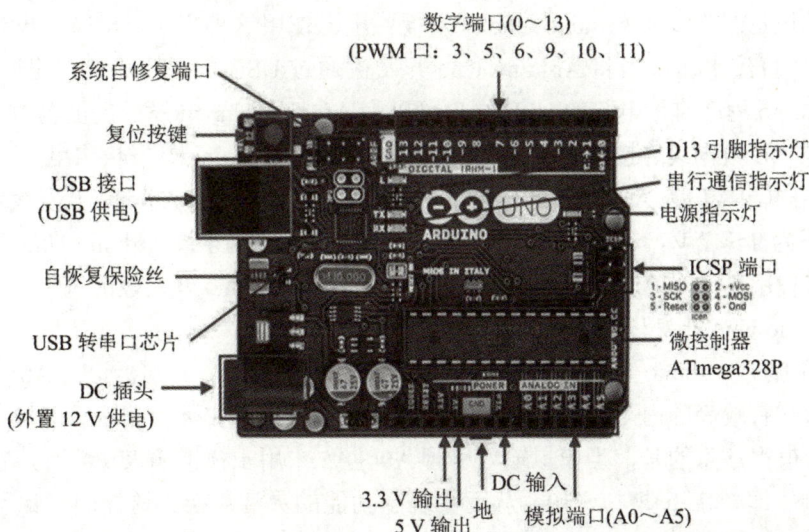

图 1.9　Arduino Uno 开发板

Arduino Uno 是一款基于 ATmega 328P 微控制器的开发板，支持在线串行编程以及复位，用户只需要将开发板与电脑通过 USB 接口连接就可以使用。其主要技术参数如表 1-1 所示。

表 1-1　Arduino Uno 主要技术参数表

参 数 名 称	取 值 范 围
微控制器	ATmega328P
工作电压	5 V
输入电压（推荐值）	7～12 V
输入电压（极限值）	6～20 V
数字输入 / 输出引脚	14 个
PWM 引脚	6 个
模拟输入引脚	6 个

为了让读者详细了解 Arduino Uno 开发板，下面从 Arduino Uno 开发板的电源 / 供电接口、模拟输入接口、数字接口、微控制器及其他元件五部分进行介绍。

1) Arduino Uno 开发板电源 / 供电接口

Arduino Uno 开发板提供了以下 4 种供电方式。

(1) 使用 Vin 引脚为 Arduino Uno 开发板供电。在使用 Vin 引脚给 Arduino Uno 开发板供电时，应确保所提供的直流电源电压为 7～12 V。若电源电压低于 7 V，可能会使 Arduino Uno 开发板的运行变得不稳定；若电压高于 12 V，则存在损坏 Arduino Uno 开发板的风险。因此，在操作过程中，务必严格遵循电源电压要求，确保开发板的正常运行与安全使用。

(2) 使用 5 V 电源引脚为 Arduino Uno 开发板供电。Arduino Uno 开发板电源引脚中的 5 V 引脚不仅可为外部电子元件提供 +5 V 电源，也可为 Arduino Uno 开发板供电。

(3) 使用 USB 端口为 Arduino Uno 开发板供电。使用这种方法供电时，电源电压需要稳定的 +5 V 直流电压。当将 Arduino Uno 开发板通过 USB 数据线连接在电脑 USB 端口上开发 Arduino 程序时，电脑的 USB 端口可以为 Arduino Uno 开发板提供电源，也可以用 Arduino 的 USB 数据线连接在手机充电器或者充电宝为 Arduino 开发板供电。

(4) 使用电源接口为 Arduino Uno 开发板供电。通过此方法为 Arduino 开发板供电时，直流电源电压为 9～12 V。若使用低于 9 V 的电源电压，可能导致 Arduino Uno 开发板工作不稳定；若使用高于 12 V 电源电压，则存在毁坏 Arduino Uno 开发板的风险。

2) Arduino Uno 开发板模拟输入接口

参考图 1.9，Arduino Uno 开发板具有 6 个模拟输入接口，分别标记为 A0～A5。这些模拟输入引脚有较高的内阻，仅允许微弱的电流通过，因此实际上在这些引脚上所测量的是电压值。值得注意的是，当模拟输入引脚 A0～A5 未用于模拟输入功能时，它们可转化为数字引脚，即数字引脚 14～19，从而实现了功能的灵活切换。这样的设计不仅增强了 Arduino Uno 开发板的功能性，也提升了其在实际应用中的灵活性。

3) Arduino Uno 开发板数字接口

参考图 1.9，Arduino Uno 开发板具有 14 个数字接口，分别标记为 0～13，其中 3、5、6、9、10、11 引脚可作为 PWM 输出。0(RX)、1(TX) 被用于接收和发送串口数据，这两个引脚通过连接到 ATmega 16u2 来与计算机进行串口通信。

4) Arduino Uno 开发板微控制器

在图 1.9 中，可以看到一块已被明确标识的微控制器，它拥有 28 个引脚。这款 ATmega 328 微控制器是 Arduino Uno 开发板的核心元件，它主要承担着两项重要任务：一是执行用户上传至 Arduino Uno 开发板的程序，从而驱动开发板按照程序的要求运行；二是其内部配备了多种存储单元，包括闪存 (Flash Memory，FLASH)、静态随机存取存储器 (Static Random-Access Memory，SRAM) 以及带电可擦可编程只读存储器 (Electrically Erasable Programmable Read Only Memory，EEPROM)。这些存储介质共同为微控制器提供了稳定的数据存储与处理能力，使得 Arduino Uno 开发板能够高效、准确地执行各种任务。

(1) FLASH。FLASH 大小为 32 KB，其中有 0.5 KB 被启动加载器占用。其价格低，读写慢，用于存储数量较大的静态信息，断电后可以保存存储内容。

(2) SRAM。SRAM 大小为 2 KB。其价格高，读写快，用于存储数量较小的动态信息，断电后不可以保存存储内容。

(3) EEPROM。EEPROM 大小为 1 KB。其读写速度相对于 SRAM 慢，断电后可以保存存储内容。EEPROM 与 FLASH 有一些相似之处，但 FLASH 通常被用来存储程序指令，而 EEPROM 被用来存储那些在复位或断电情况下不想丢失的数据。

5) 其他元件

(1) 在 Arduino Uno 开发板上设计了一个复位按键，该按键的功能是当 Arduino Uno 开发板与低电平相连时，将 Arduino Uno 开发板进行复位操作。当复位按键被按下时，它会将相应的端口电平拉低，从而触发 Arduino Uno 开发板的复位机制，使其恢复到初始状态。这样的设计确保了 Arduino Uno 开发板在出现错误或需要重新启动时，能够方便快捷地恢复到正常工作状态。

(2) Arduino Uno 开发板带有 4 个 LED 指示灯，分别为：

① ON：电源指示灯。当 Arduino Uno 开发板通电时，ON 灯会点亮。

② TX：串口发送指示灯。当使用 USB 连接到计算机且 Arduino Uno 开发板向计算机传输数据时，TX 灯会点亮。

③ RX：串口接收指示灯。当使用 USB 连接到计算机且 Arduino Uno 开发板接收到计算机传来的数据时，RX 灯会点亮。

④ L：可编程控制指示灯。这款 LED 灯通过独特的电路与 Arduino Uno 开发板的 13 号引脚相连。当 13 号引脚处于高电平状态或高阻态时，LED 灯便会亮起；而引脚处于低电平状态，LED 灯则不会发光。我们既可以通过编写程序，也可以通过外部输入信号，来灵活控制这款 LED 灯的亮灭状态。

1.3　Arduino 扩展板

Arduino 开源硬件除了 1.2 节中介绍的几种典型的开发板，还有大量兼容的扩展板，可以直接插在开发板上使用。常见的扩展板包括 Arduino Motor Sheild、Arduino Ethernet Sheild、Arduino USB host、Arduino Relays。下面介绍几种常见的 Arduino 扩展板。

1. Arduino Motor Sheild

图 1.10 所示为 Arduino Motor Sheild 电机扩展板，它可以驱动电动马达。

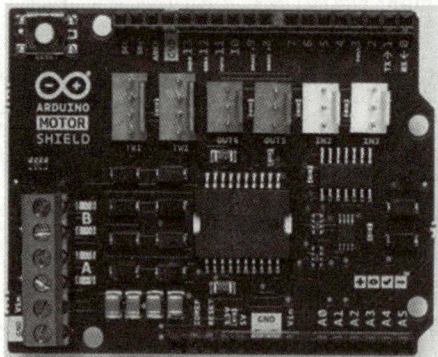

图 1.10　Arduino Motor Sheild 电机扩展板

2. Arduino Ethernet Sheild

图 1.11 所示为 Arduino Ethernet Sheild 以太网扩展板，可以为 Arduino 提供互联网扩展服务。

图 1.11　Arduino Ethernet Sheild 以太网扩展板

3. Arduino Relay Sheild

图 1.12 所示为 Arduino Relay Sheild 继电器扩展板，它可充当一台外接的开关继电器。

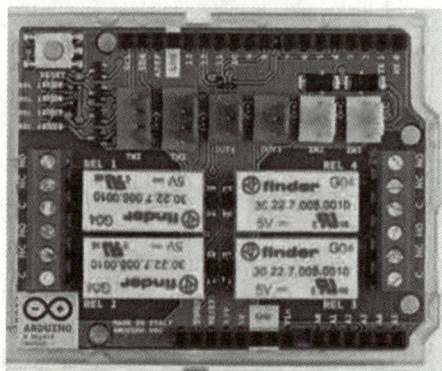

图 1.12　Arduino Relay Sheild 继电器扩展板

1.4　Arduino IDE

Arduino 团队精心设计了一款专用的集成开发平台 (Integrated Development Environment，IDE)，这款 IDE 界面友好，功能全面且操作便捷，深受用户喜爱。它支持使用类似 C/C++ 编程语言编写源程序文件，使得开发者能够轻松地进行代码编写和调试。而且这款 IDE 具有广泛的兼容性，可以与任何型号的 Arduino 开发板无缝对接，满足不同用户的需求。

1. Arduino IDE 平台特点

Arduino 之所以成为当下最热门的开源硬件平台之一，缘于其众多显著优势：

(1) 它具有出色的跨平台兼容性，无论是 Windows、Mac OSX，还是 Linux 系统，都能顺畅运行，且使用完全免费。

(2) Arduino 提供了开放的原始代码电路设计图与程序开发界面，用户不仅可以免费下载使用，还可根据个人需求进行灵活修改。

(3) 它能够与各种传感器设备相连接，如温湿度传感器、光敏传感器、红外线以及超声波等，广泛应用于智能家居、智慧农业、机器人等领域。此外，Arduino 还能与多种扩展板连接，提供更为丰富的功能，如蓝牙传输、Wi-Fi 连接等，进一步拓宽了其应用场景。

2. Arduino IDE 的安装

Arduino IDE 可以运行在 Windows、macOS、Linux 上，目前 Arduino IDE 已更新到 2.2.1 版本。本书介绍在 Windows 11 上下载并安装 Arduino IDE 的具体步骤。

(1) 进入官网，选择"SOFTWARE"选项，如图 1.13 所示。

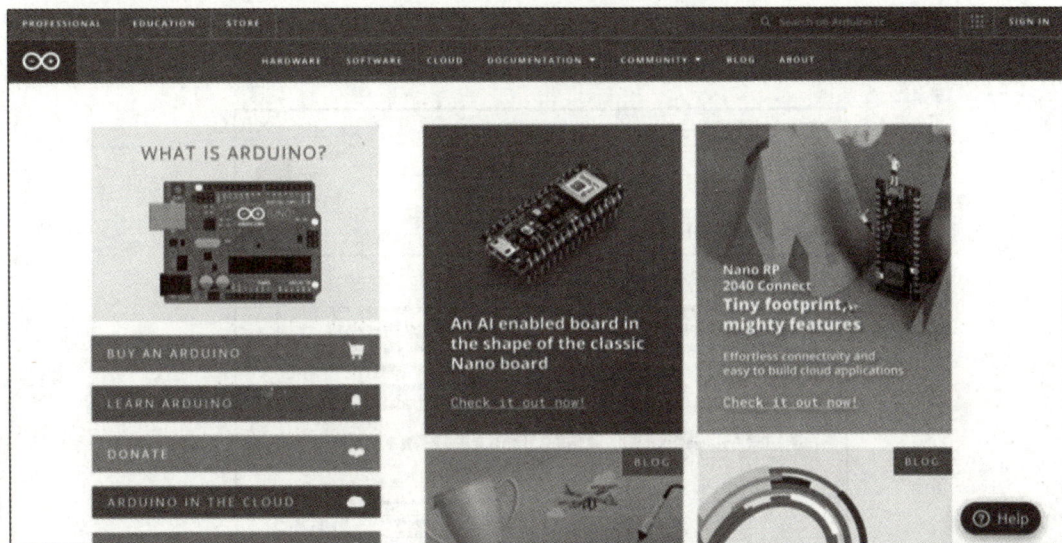

图 1.13　SOFTWARE 界面

(2) 选择 Windows 版本，如图 1.14 所示。

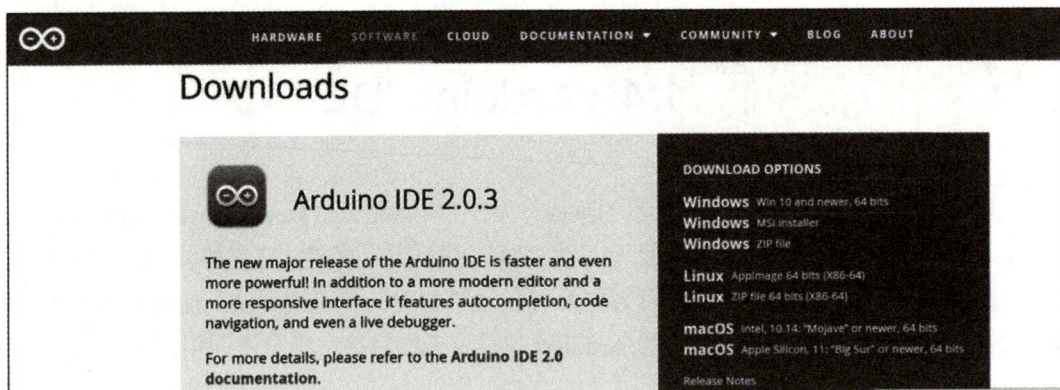

图 1.14　选择 Windows 版本

(3) Arduino 是开源软件，可以直接选择免费下载 "JUST DOWNLOAD" 选项，如图 1.15 所示。也可以选择付费下载 "CONTRIBUTE & DOWNLOAD" 选项。

图 1.15　选择 "JUST DOWNLOAD" 选项

(4) 双击下载好的安装包，单击 "我同意" 按钮，同意协议，如图 1.16 所示。

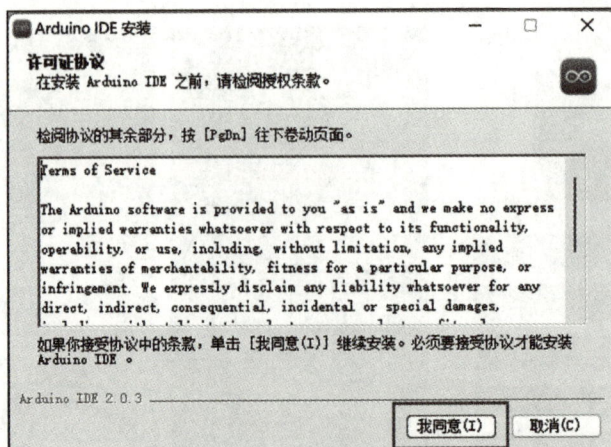

图 1.16　同意安装

(5) 选择安装用户，在此选择"仅为我安装"，如图 1.17 所示，单击"下一步"。

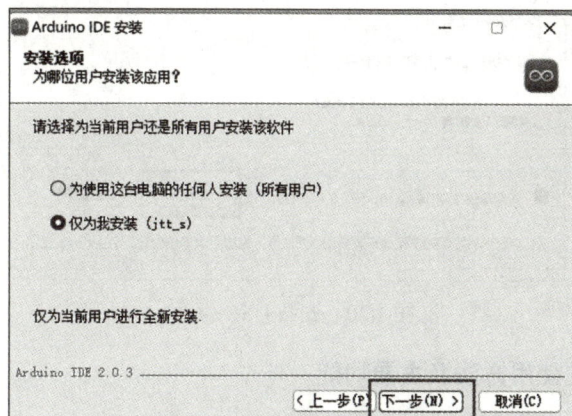

图 1.17　选择安装用户

(6) 在弹出的窗口中选定安装位置，如图 1.18 所示。用户可以根据需求更改目标文件夹的安装位置。然后单击"安装"，即开始在电脑上安装软件。

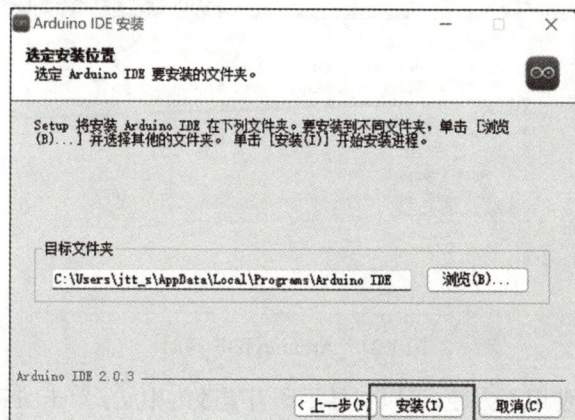

图 1.18　选择安装位置

(7) 软件安装完成后单击"完成"按钮，如图 1.19 所示。

图 1.19　安装完成

(8) 在弹出的界面中安装 USB 驱动，如图 1.20 所示。

图 1.20   安装 USB 驱动

3. Arduino IDE 的使用方法及主要功能

1) Arduino IDE 的使用方法

(1) 双击 Arduino IDE 图标，即可进入 Arduino IDE 界面，如图 1.21 所示。

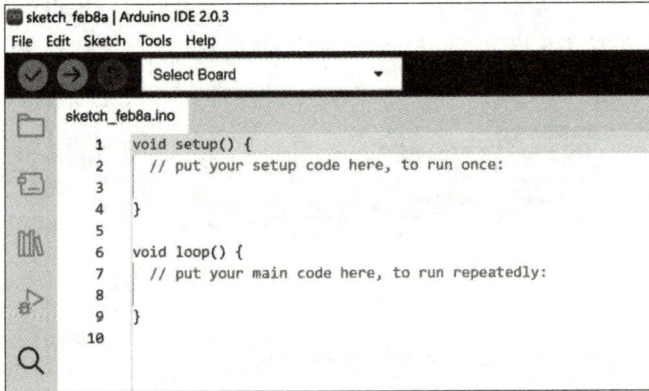

图 1.21   Arduino IDE 界面

(2) 若是觉得英文使用不方便，可以将显示语言更改为中文。单击"File"→"Preferences..."，如图 1.22 所示。

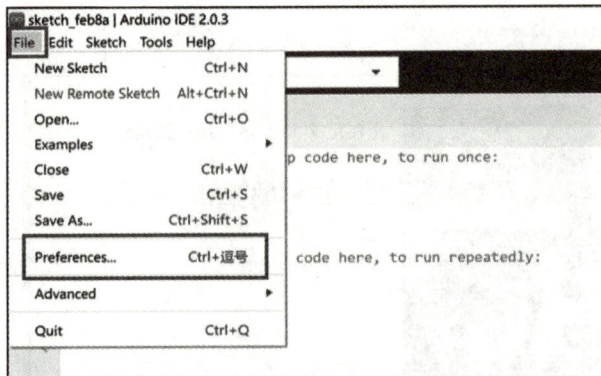

图 1.22   选择更改语言的选项

(3) 在弹出的对话框中选择语言为中文 (简体)，如图 1.23 所示。也可以在这个界面更改字体大小等参数。

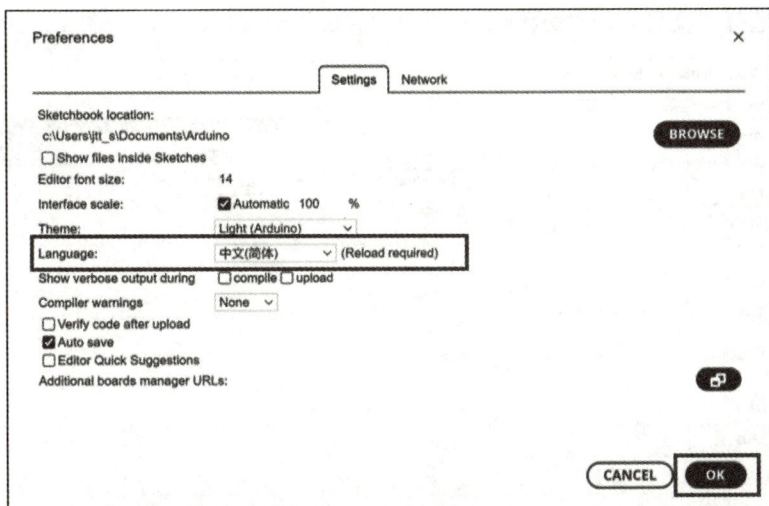

图 1.23　更改显示语言界面

2) Arduino IDE 的主要功能

Arduino IDE 主要功能介绍如表 1-2 所示。

表 1-2　Arduino IDE 主要功能

快捷按钮	功　能	说　　明
☑	验证	编译源代码，验证是否有错误
→	上传	将代码上传至主板
☉	串口监视器	计算机与 Arduino 的通信接口

4. Arduino 范例程序

　　为进一步理解 Arduino Uno 程序如何运行以及运行结果，我们以 Arduino Uno 的 Blink 程序举例说明。首先，我们需要通过 USB 端口将 Arduino Uno 开发板与计算机进行连接，观察 Arduino Uno 开发板上的绿色电源 LED 灯，若其亮起，则表明供电正常，Arduino Uno 开发板已成功接入电源并处于工作状态。

　　(1) 选择 Arduino Uno 开发板，如图 1.24 所示。

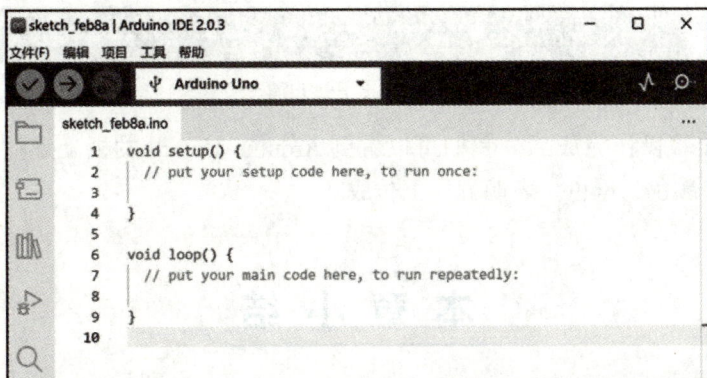

图 1.24　Arduino Uno 开发板

(2) 依次选择"文件"→"示例"→"01.Basics"→"Blink",如图 1.25 所示。

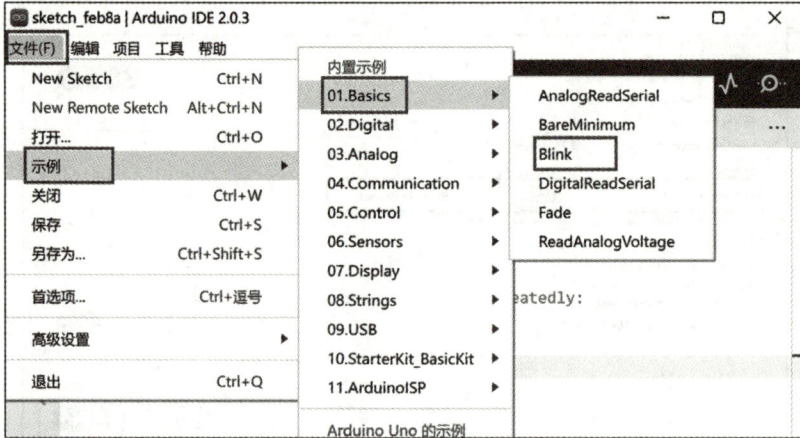

图 1.25　选择界面

(3) 单击"上传"按钮,将程序上传至 Arduino Uno 开发板,如图 1.26 所示。

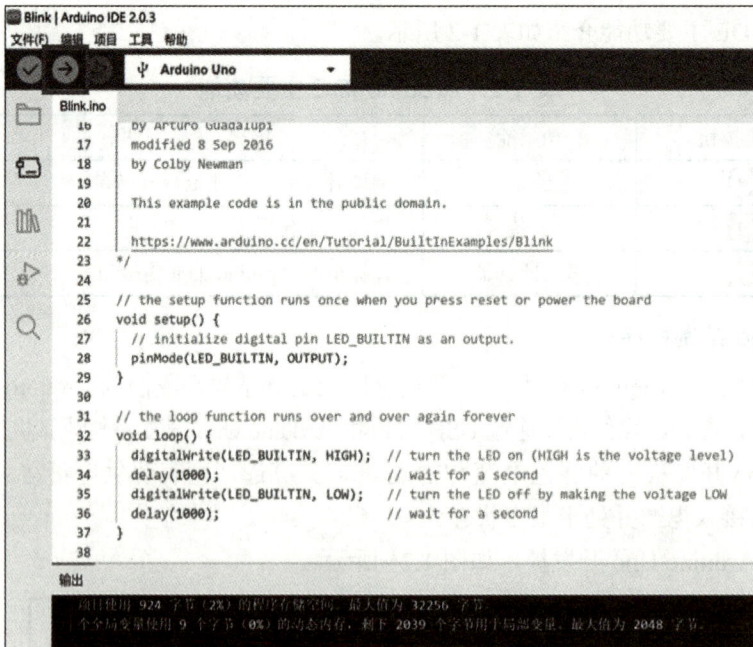

图 1.26　上传程序

按照上述步骤操作完成后,我们可以看到 Arduino Uno 开发板上连接到数字引脚 13 的指示灯闪烁,颜色为橙色,表明程序上传成功。

本 章 小 结

由于 Arduino 是开源的,任何人都可以根据自己的需要制作扩展板,只要符合控制板的标准即可。Arduino 的开源硬件主要由开发板和扩展板组成。本章主要介绍了以下几方面的内容：

(1) Arduino 的发展历程与特点；

(2) Arduino 典型开发板的介绍；

(3) Arduino 典型扩展板的功能讲解。

练习与思考

1. Arduino 开发板有哪些功能？

2. Arduino 的开源硬件由哪几部分构成？各自有什么作用？

3. 列举出常见的 Arduino 开发板。

4. 列举出常见的 Arduino 扩展板。

第 2 章

Arduino 硬件设计平台——Fritzing

电子设计自动化 (Electronic Design Automation，EDA) 是 20 世纪 90 年代初，从计算机辅助设计 (CAD)、计算机辅助制造 (CAM)、计算机辅助测试 (CAT) 和计算机辅助工程 (CAE) 的概念发展而来的。EDA 设计工具的出现使电路设计的效率和可操作性都得到了大幅度的提升。本章针对 Arduino 平台的学习，主要介绍和使用电子设计自动化软件中的 Fritzing 工具，并配以详细的示例操作说明。

2.1 Fritzing 简介

Fritzing 是一款功能强大的电子设计自动化软件，它旨在帮助设计师、艺术家、研究人员以及爱好者实现从物理原型到实际产品的全程参与。此外，该软件还具备记录 Arduino 及其他电子基础原型的功能，为用户提供了极大的便利。Fritzing 支持多国语言，拥有原理图、面包板、印制开发板 (Printed Circuit Board，PCB)、Code 四种视图设计模式。

用户在采用面包板、原理图、PCB 三种视图中任一视图进行电路设计时，软件均会自动同步生成其余两种视图，从而确保设计的连贯性和准确性。Fritzing 软件图标如图 2.1 所示。

图 2.1   Fritzing 软件图标

2.2 Fritzing 软件的安装与使用

2.2.1   Fritzing 软件的下载与安装

Fritzing 官方目前已更新至 1.0.1 版本，下面详细介绍安装步骤。

(1) 进入官方下载网站，点击下载选项，如图 2.2 所示。

图 2.2　Fritzing 下载页面

(2) 下载完成后，打开压缩包，双击 ".msi" 文件，如图 2.3 所示。

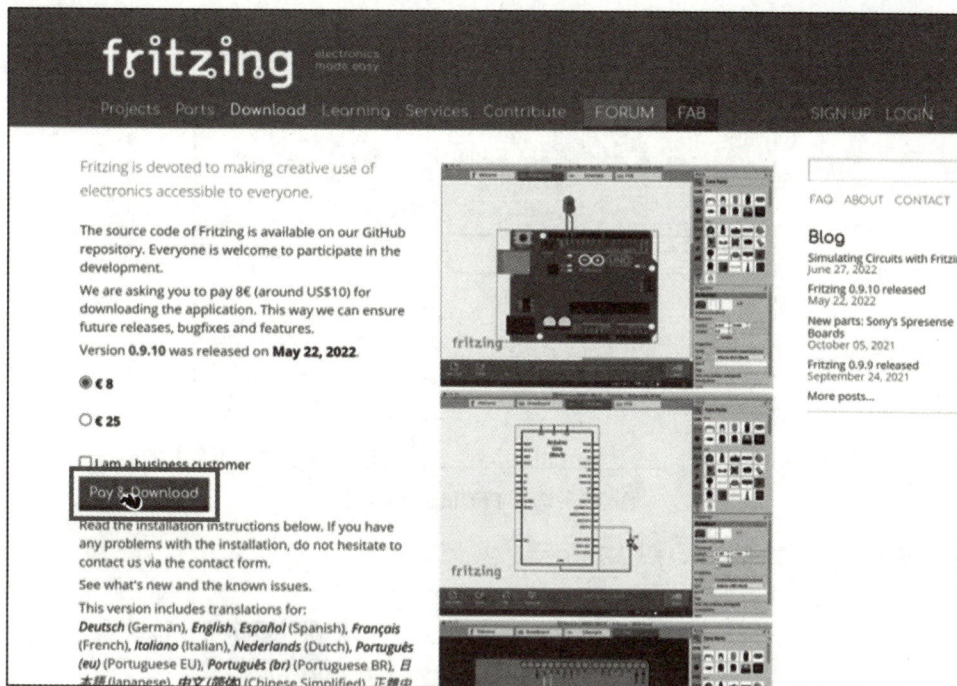

图 2.3　Fritzing 安装包

(3) 进入安装界面，单击 "下一步"，如图 2.4 所示。

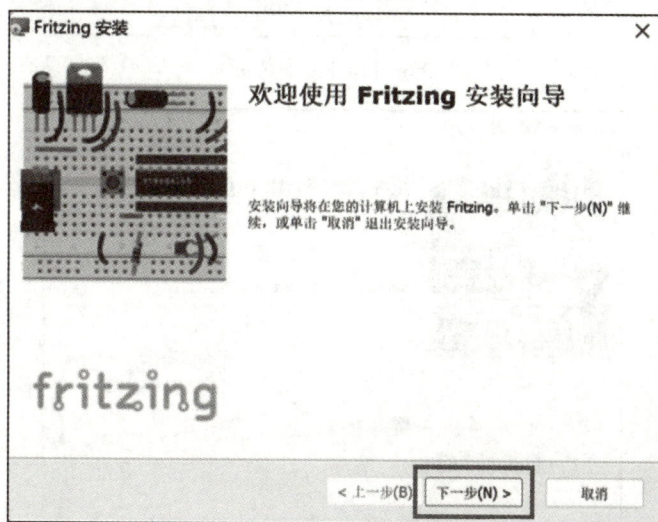

图 2.4　Fritzing 安装页面

(4) 选择安装位置，用户可以根据自己的需求更改位置，单击 "下一步"，如图 2.5 所示。

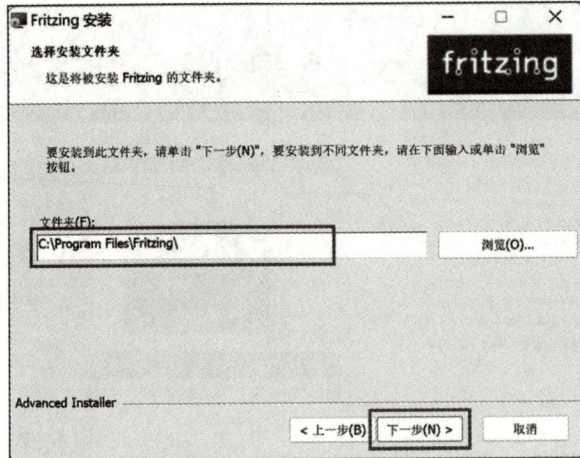

图 2.5　选择 Fritzing 安装位置

(5) 安装完成，如图 2.6、图 2.7 所示。

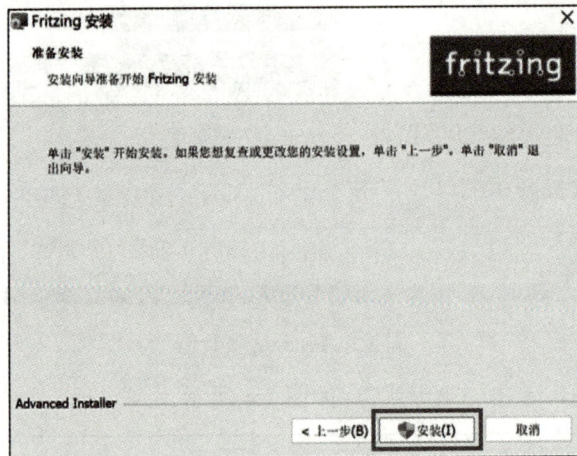

图 2.6　Fritzing 安装页面

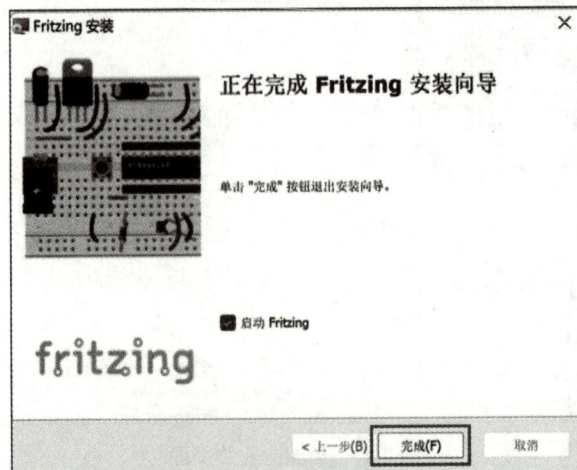

图 2.7　Fritzing 安装完成页面

2.2.2　Fritzing 软件介绍

下载安装 Fritzing 后，打开 Fritzing 软件界面，如图 2.8 所示。

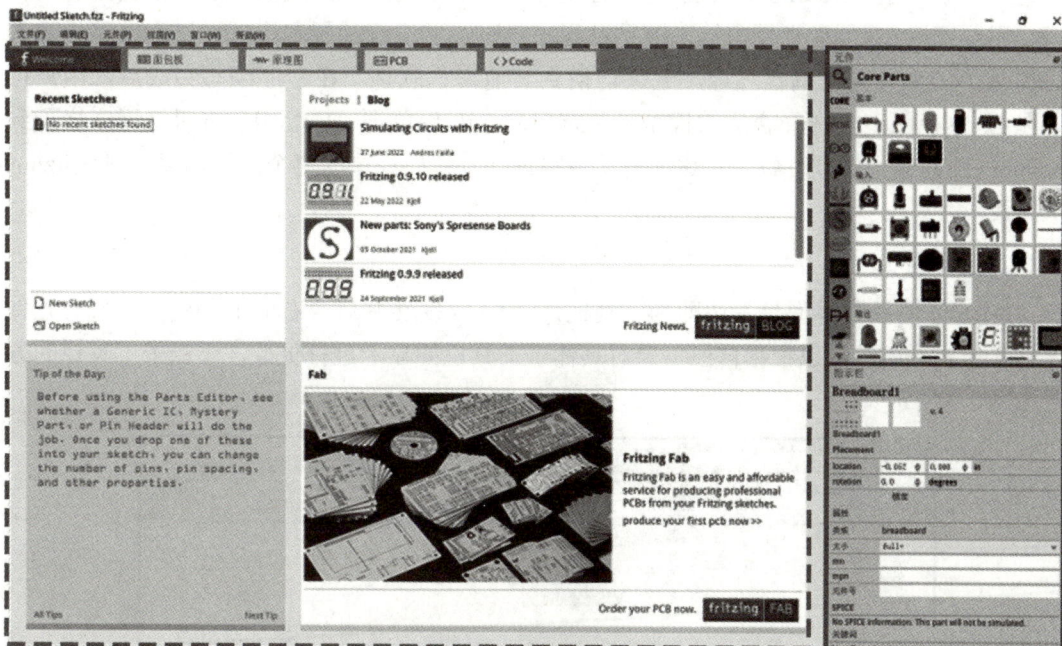

图 2.8　Fritzing 软件界面

Fritzing 软件界面由两部分构成。一部分是左边的项目视图部分 (红色虚线框标注)，这一部分主要包含面包板、原理图、PCB 及 Code 四种视图。另一部分是右边的工具栏部分 (绿色实线框标注)，这一部分主要包含元件库、指示栏、撤销历史栏及层工具栏。

1. 项目视图

Fritzing 软件提供面包板、原理图、PCB 和 Code 四种视图，用户可以根据需要自由切换。

(1) 面包板视图。Fritzing 软件的面包板视图是该软件提供的四种视图之一，主要用于模拟真实的面包板环境，帮助用户在虚拟环境中进行电路原型的设计和测试，而无须担心实际硬件的损坏或成本问题。

(2) 原理图视图。Fritzing 软件的原理图视图是电子设计过程中的一个重要环节，原理图视图以图形化的方式展示电路的逻辑关系和电气连接，使用户能够清晰地看到各个元件之间的连接方式和电路的工作流程。通过原理图视图，用户可以验证电路设计的正确性，检查元件之间的连接是否合理，以及电路是否能够实现预期的功能。

(3) PCB 视图。Fritzing 软件的 PCB 视图是专为印制电路板设计的视图，它提供了电路板布局和布线的详细展示，是电子设计从原理图到实际生产的重要过渡环节。PCB 视图允许用户直观地看到电路板上各个元件的位置布局，帮助用户合理规划元件间的空间分布，确保电路板的紧凑性和美观性。通过 PCB 视图，用户可以验证电路板设计的合理性，检查布线是否存在短路、断路等潜在问题，确保电路板能够正常工作。

(4) Code 视图。Fritzing 软件的 Code 视图是 Fritzing 提供的四种视图之一，与面包板视图、原理图视图和 PCB 视图共同构成了这款电路设计软件的核心功能。Code 视图内置了一款支持 Arduino 等开源硬件的编译器，允许用户直接在该视图中编写程序代码。用户可以在 Code 视图中输入或粘贴程序代码，并进行编辑和调试。这为电路设计人员提供了一个方便的编程环境，无须切换到其他编程软件。在程序编写完成后，用户可以在 Code 视图下方选择合适的板型号和端口号，然后单击"Upload"按钮将程序烧录到 Arduino 或其他开源硬件板上。这使得从电路设计到程序烧录的整个流程都可以在 Fritzing 中完成。

2. 工具栏

Fritzing 的软件界面最右边即为工具栏，Fritzing 安装好后，右侧工具栏默认只有元件库与指示栏，用户可以根据自己需要对具体子工具栏的显示进行更改，添加子工具栏的方法如图 2.9 所示。

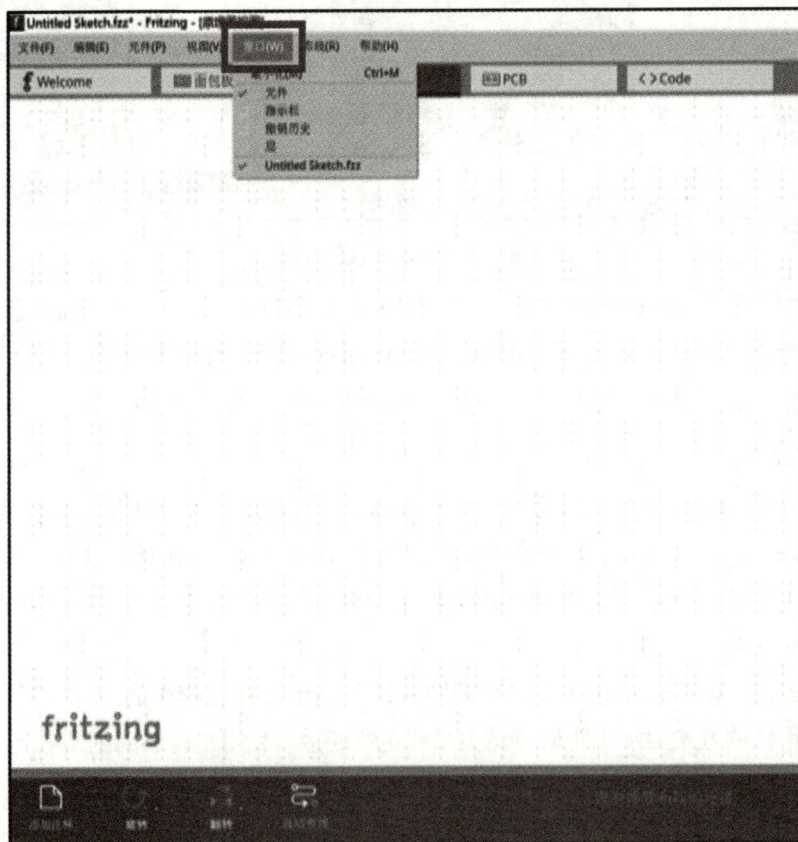

图 2.9　添加子工具栏

下面对几种工具栏进行介绍。

1) 元件库

(1) CORE 库。CORE 库里包含最基本的输入 / 输出元件 (LED、按键开关等)、面包板视图、原理图视图、PCB 视图、工具等，如图 2.10 所示。

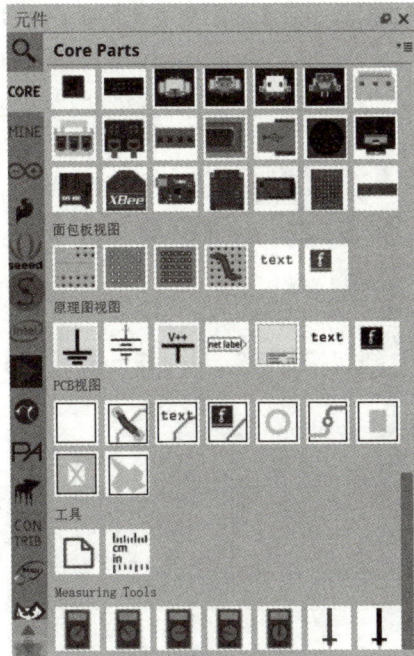

图 2.10　CORE 库

(2) MINE 库。这个库用来放置自定义元件，默认是空的，可以在这部分添加缺少的元件或者自己需要的元件，如图 2.11 所示。

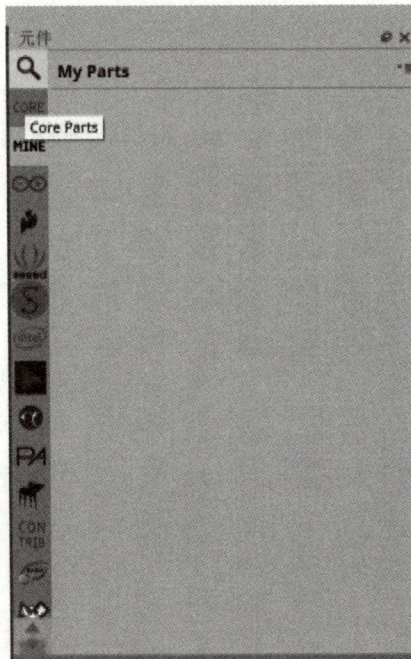

图 2.11　MINE 库

(3) Arduino 库。Arduino 库主要放置与 Arduino 相关的开发板 (Arduino Uno、Intel Galileo、Arduino Yun、Arduino Bluetooth、Arduino Mega 等) 以及 Arduino Sheilds(Arduino GSM Sheild、

Arduino Ethernet Sheild、Arduino Motor Sheild 等),如图 2.12 所示。

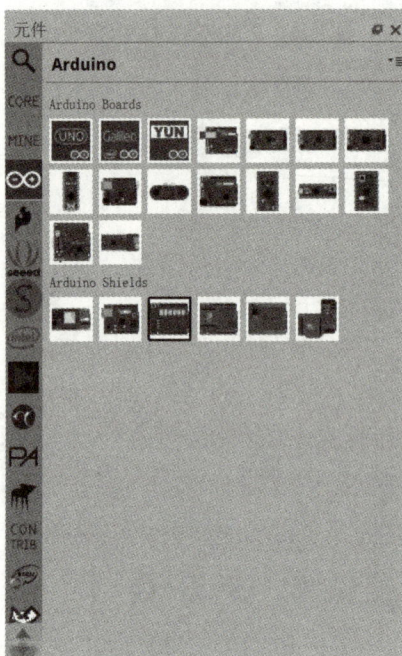

图 2.12　Arduino 库

(4) SparkFun 库。SparkFun 库主要放置一些 Arduino 扩展板、传感器,如图 2.13 所示。

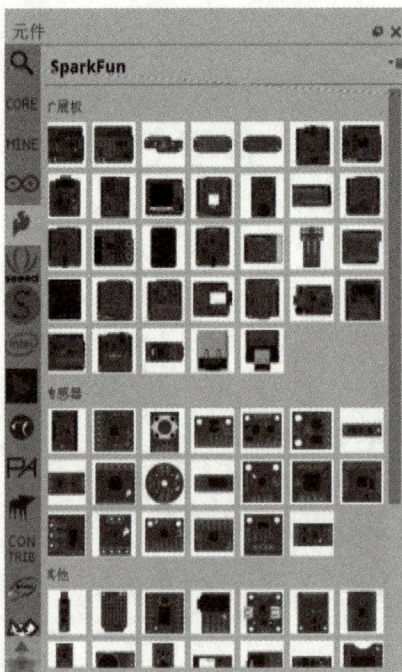

图 2.13　SparkFun 库

2) 指示栏

指示栏给出当前项目视图中被鼠标选中的元件的详细信息,或者元件库中被鼠标选中的元件的详细信息。用户可以在此处查看需要了解的元件的信息，也可以更改一些信息，比如项目视图中的元件坐标等，如图 2.14 所示。

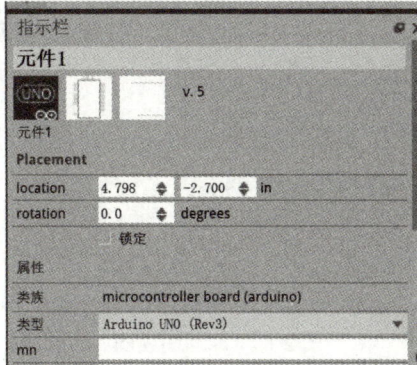

图 2.14　指示栏

3) 撤销历史栏

撤销历史栏按时间先后顺序记录设计步骤，并且可以用鼠标点击返回到选中的步骤，如图 2.15 所示。

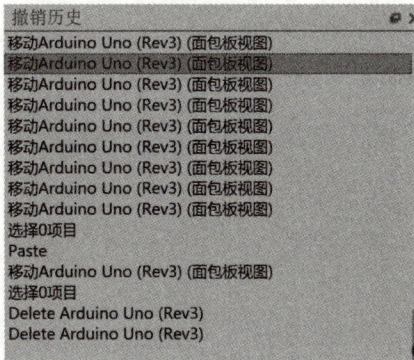

图 2.15　撤销历史栏

4) 层工具栏

层工具栏用于给出面包板视图 (见图 2.16)、原理图视图 (见图 2.17)、PCB 视图 (见图 2.18) 的层结构。

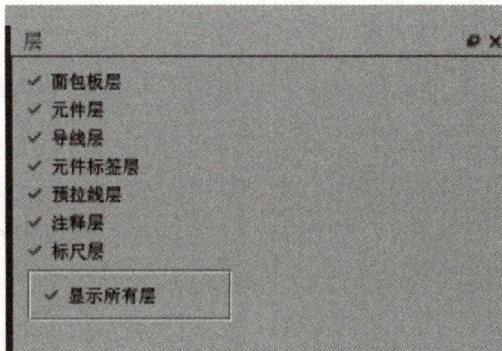

图 2.16　面包板视图

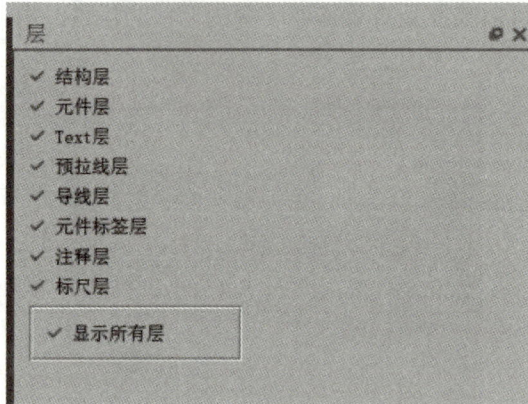

图 2.17　原理图视图

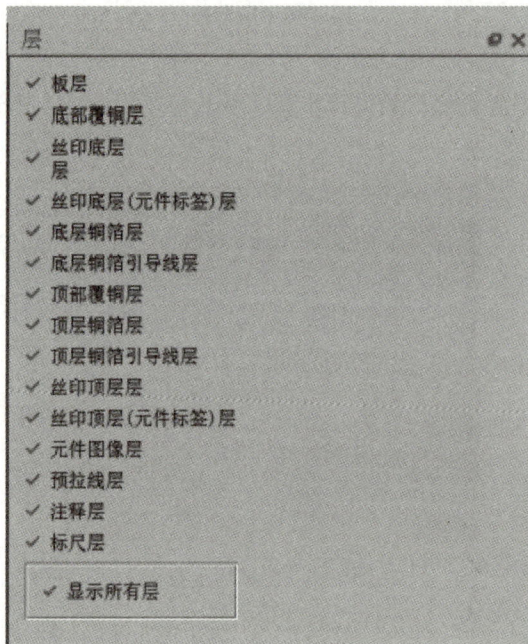

图 2.18　PCB 视图

2.2.3　Fritzing 的常见使用技巧

Fritzing 是一款适用于 Arduino 的电子设计软件，下面介绍几种常见的按钮使用方法。

1. 查找与搜索元件

在绘制电路图时，可以在右侧工具栏中的元件库直接选择需要的元件，如图 2.19 所示。

如果采取图 2.19 所示的方法显示元件不够清楚，可以选择按列表形式显示库：将鼠标放至"元件"工具栏处，单击鼠标右键，在弹出的页面中选择"列表视图显示库"，如图 2.20 所示。

图 2.19　查找与搜索元器件

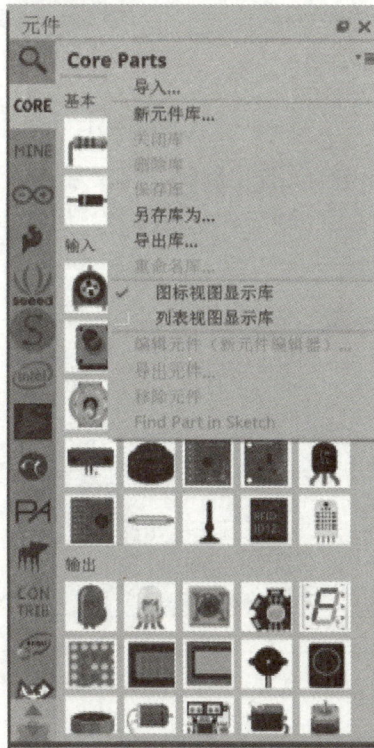

图 2.20　选择按列表形式查看元件

更改后的显示界面如图 2.21 所示。

Fritzing 的元件库数量较大，可以利用元件库自带的搜索功能搜索自己需要的元件，在软件右上方"元件"处单击"🔍"按钮，如图 2.22 所示。

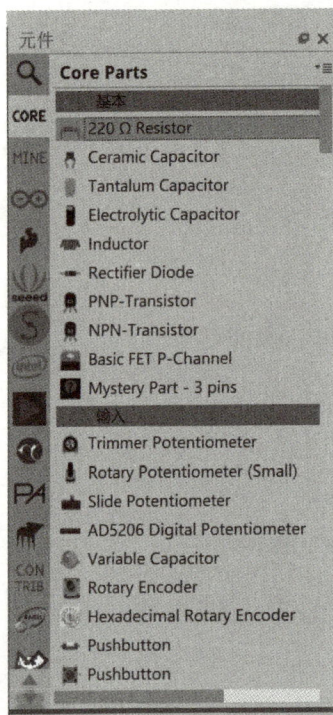

图 2.21　列表视图显示库

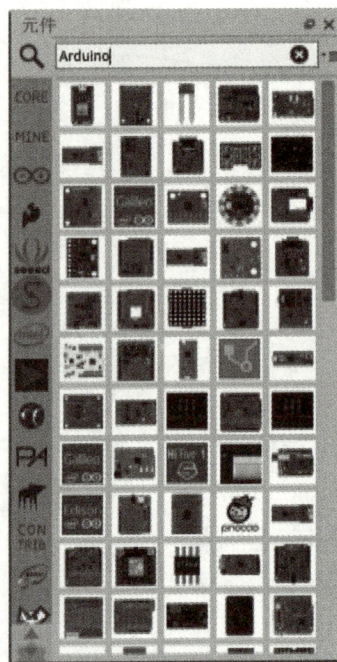

图 2.22　搜索元件界面

2. 修改元件信息

当需要修改 Fritzing 元件库中的元件信息时，修改方法如下：选中一个元件，单击鼠标右键，在弹出的菜单中选择"编辑（新元件编辑器）"，如图 2.23 所示。

图 2.23　选择"编辑（新元件编辑器）"

在此可以完成以下功能：

(1) 修改元件引脚名称和引脚的描述信息，如图 2.24 所示。

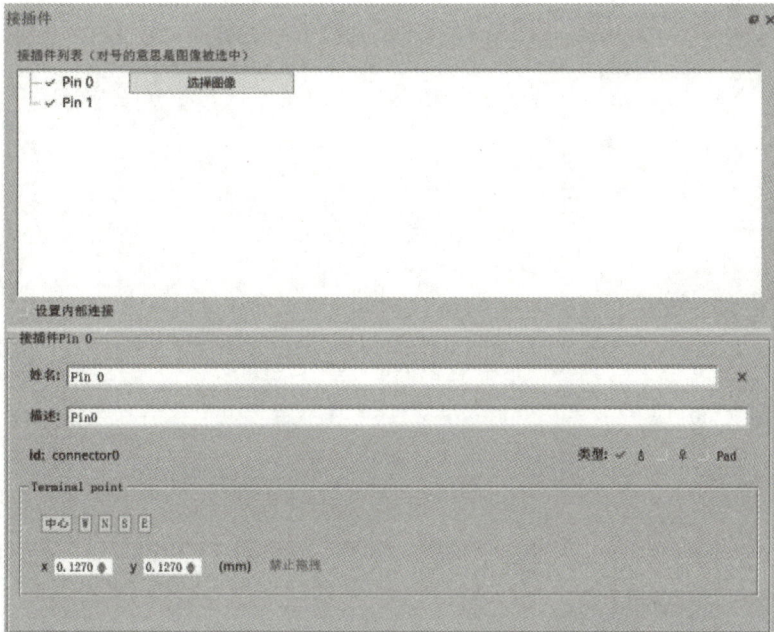

图 2.24　修改元件

(2) 修改面包板、原理图和 PCB 的引脚绑定，如图 2.25 所示。

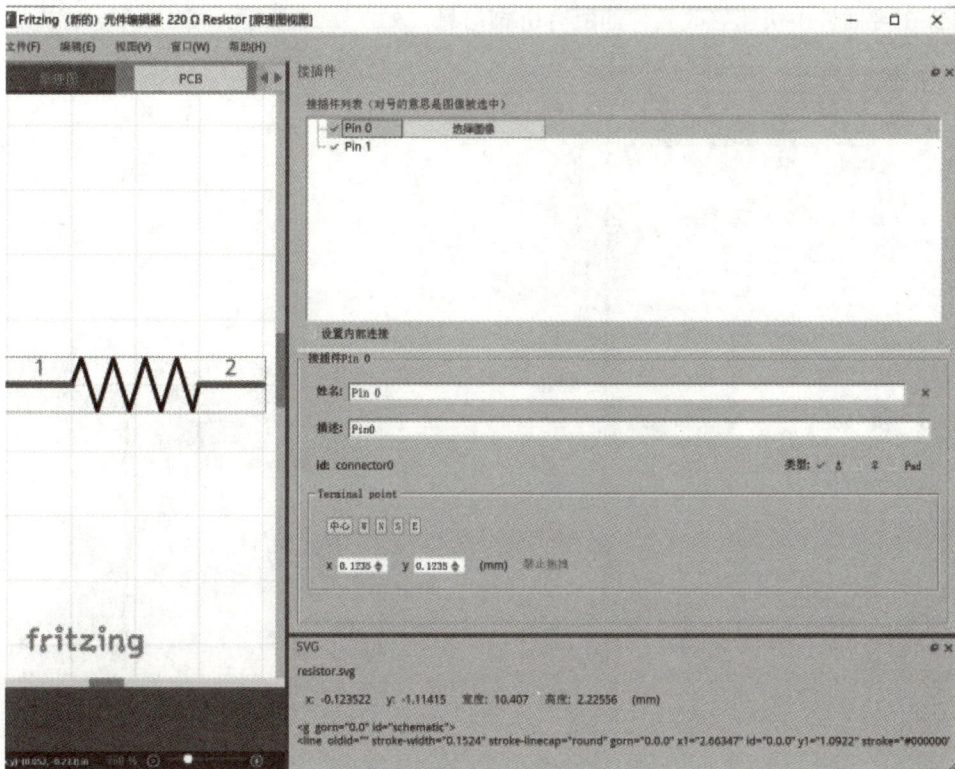

图 2.25　修改引脚

(3) 修改此元件在库中显示图标，如图 2.26 所示。

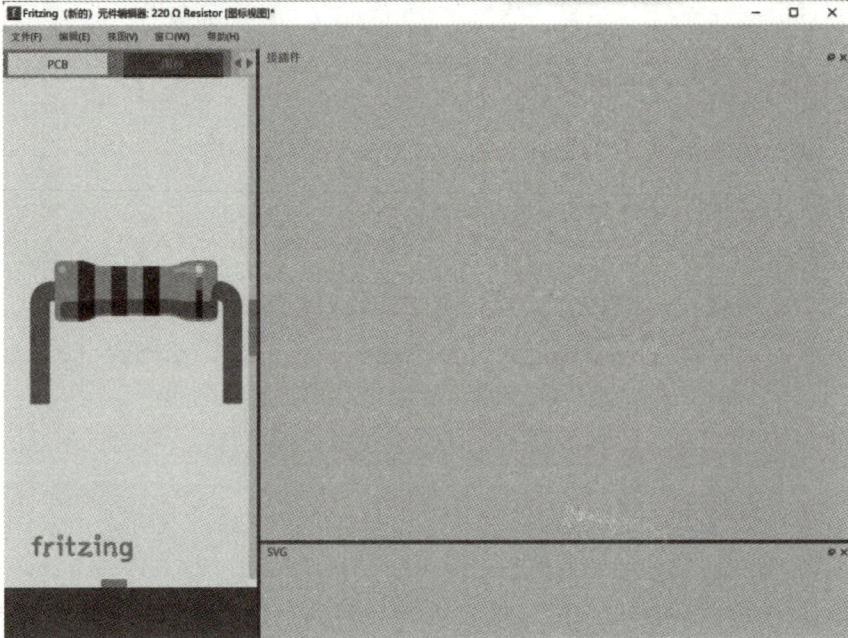

图 2.26　修改元件在库中显示图标

(4) 在元数据中修改元件的信息，如图 2.27 所示。

(5) 在接插件中快速修改元件的所有引脚信息，如图 2.28 所示。

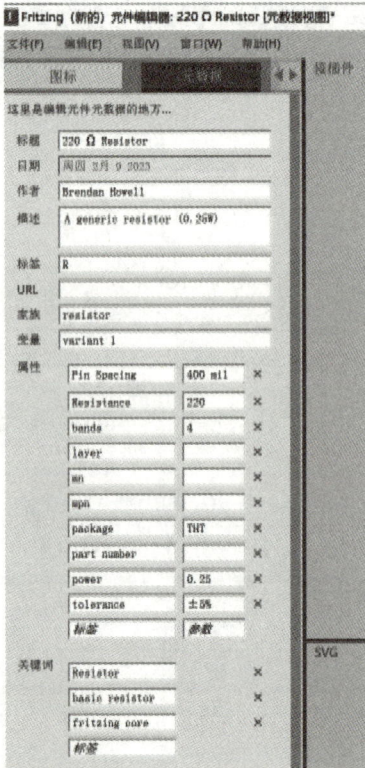

图 2.27　修改元件信息

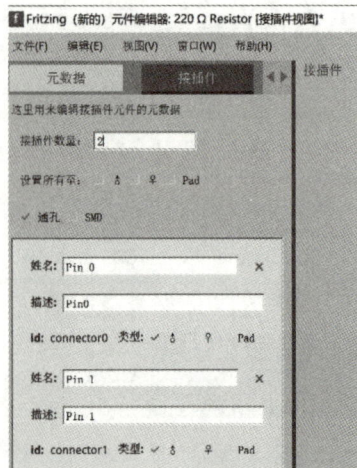

图 2.28　修改元件引脚信息

3. 修改元件基本信息

当需要修改元件的一些基本信息时，可以在右侧的工具栏"属性"一栏进行更改，假如需要更改电阻值为 68 kΩ，如图 2.29 所示。

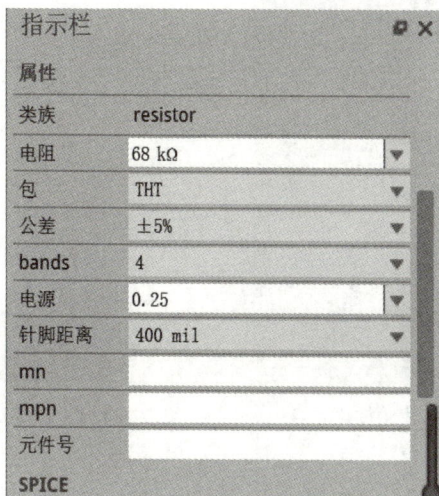

图 2.29　在"属性"栏修改元件

4. 添加元件

Fritzing 的元件库中元件已经非常丰富，涵盖了绝大部分元件，但当我们看到其他电路图中有需要的元件，可以添加到自己的元件库当中：用鼠标选中当前元件，单击鼠标右键，在弹出的页面中选择"加入元件库"，如图 2.30 所示。

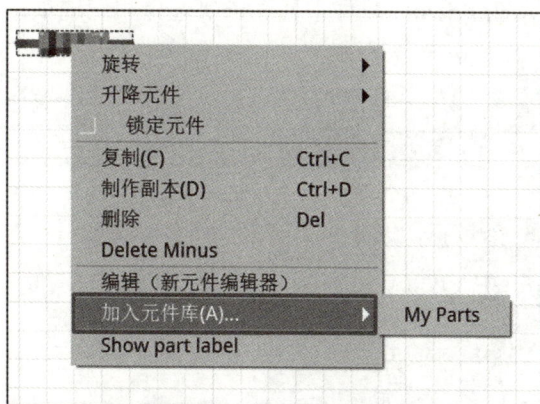

图 2.30　添加元件

添加的元件就在工具栏"MINE"处，下次需要的时候就可以直接使用。

5. 自定义元件库

有时候电路设计者为了方便，常常需要定义自己的元件库：将鼠标放至工具栏"元件"界面，单击鼠标右键，在弹出的界面中选择"新元件库"，如图 2.31 所示。

可以修改新建的元件库的名称，如图 2.32 所示。

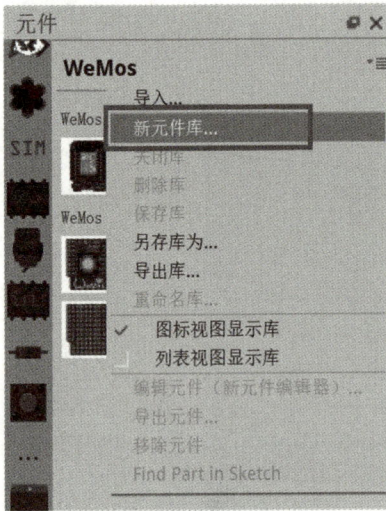

图 2.31　自定义元件库

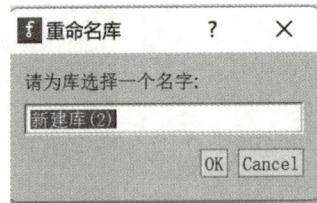

图 2.32　修改元件库名称

2.3　使用 Fritzing 进行 Arduino 电路设计

基于 2.2 节的介绍，我们已经对 Fritzing 软件有了详细的了解，接下来，用一个具体的例子来系统地介绍如何使用 Fritzing 软件来绘制 Arduino 电路图。Fritzing 软件提供了一些 Arduino 电路图样例，在 Fritzing 软件主界面依次选择相应选项，如图 2.33 所示。

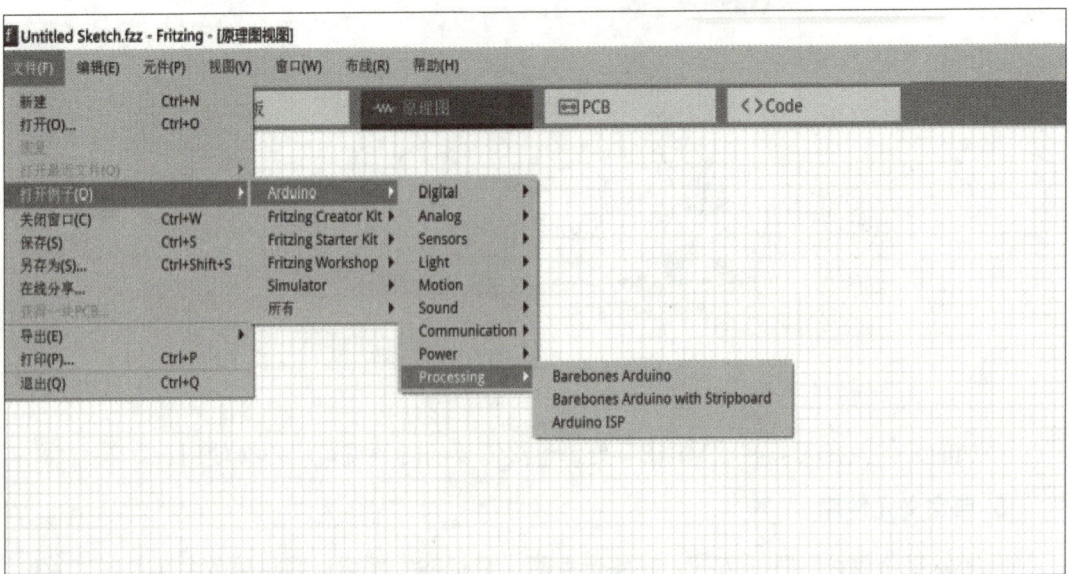

图 2.33　电路图样例

在此以 Arduino 中的 RGB 灯进行举例说明，在 Fritzing 软件主界面处依次选择"文件"→"打开例子"→"Arduino"→"Light"→"LED"→"Colored Light (RGB LED)"，如图 2.34 所示。

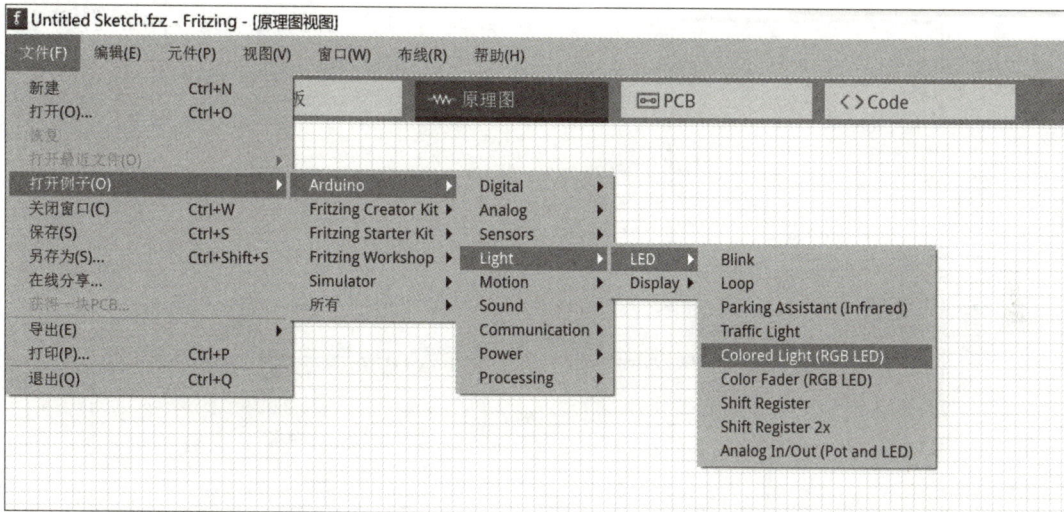

图 2.34　RGB 电路图

打开之后的面包板视图如图 2.35 所示。

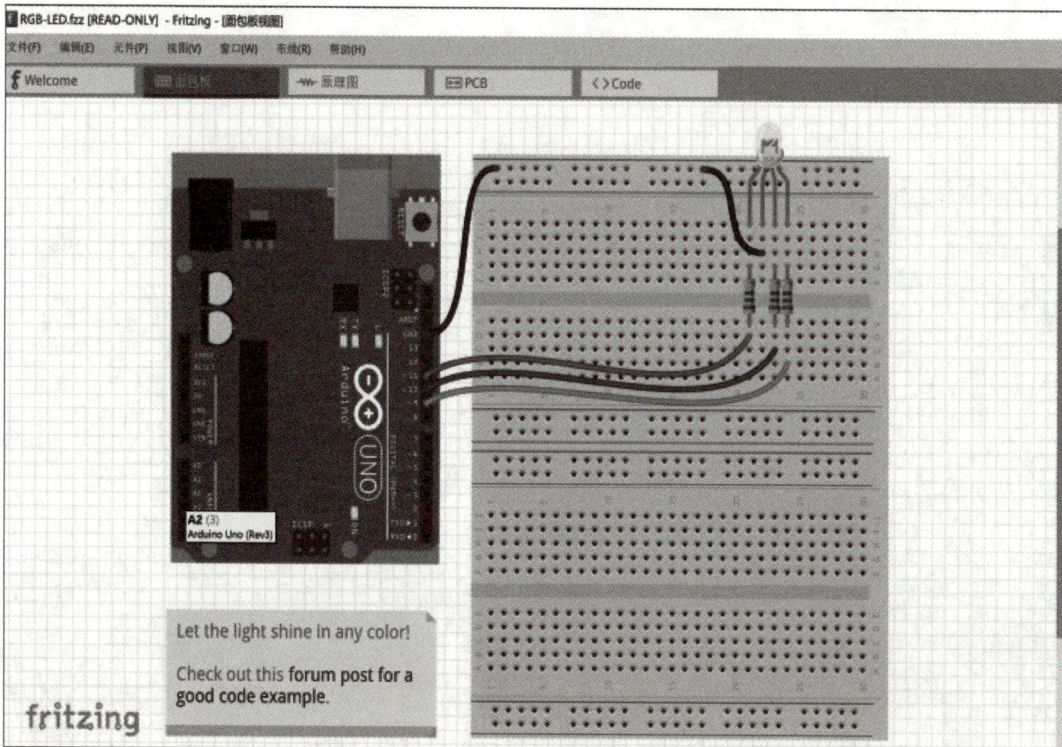

图 2.35　RGB 面包板视图

切换之后的原理图视图如图 2.36 所示。

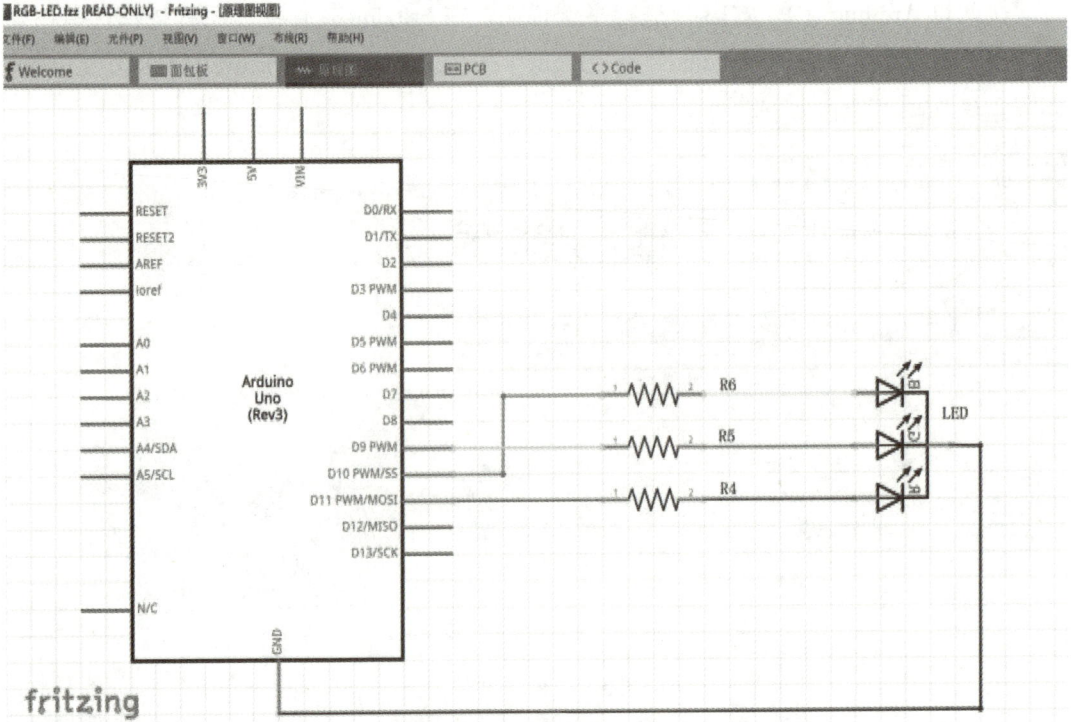

图 2.36　RGB 原理图视图

也可以切换至 PCB 视图，如图 2.37 所示。

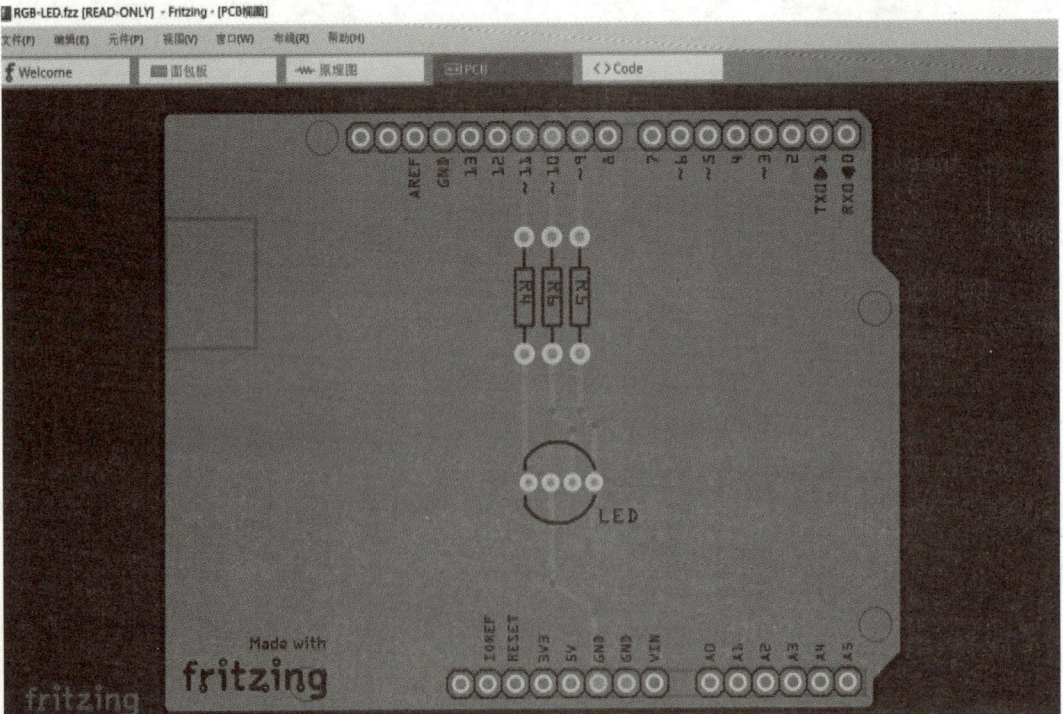

图 2.37　RGB 的 PCB 视图

现在以绘制图 2.35 为例进行讲解。

(1) 选择"文件"→"新建"来新建文件，如图 2.38 所示。

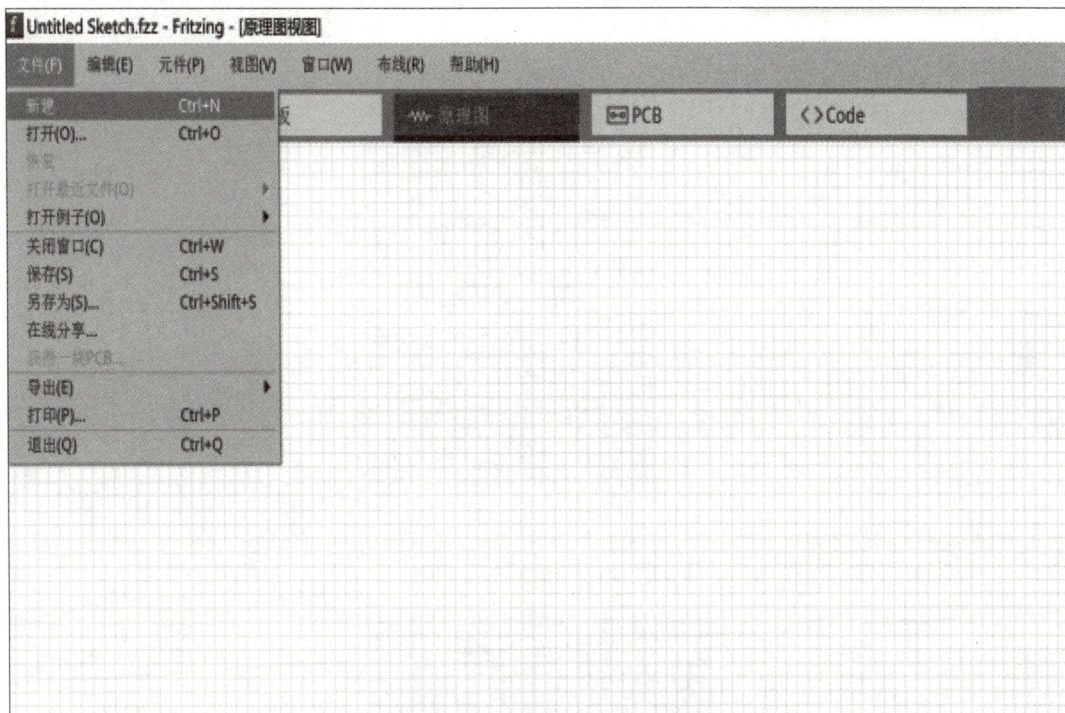

图 2.38　新建文件

(2) 选择面包板，在右下方"属性"→"大小"处将两块面包板的属性均更改为"half+"，如图 2.39 所示。用鼠标拖动其中一块面包板摆放至如图 2.40 所示的位置。

(3) 在软件界面"元件"中选择 Arduino Uno 开发板，如图 2.41 所示。

图 2.39　更改面包板

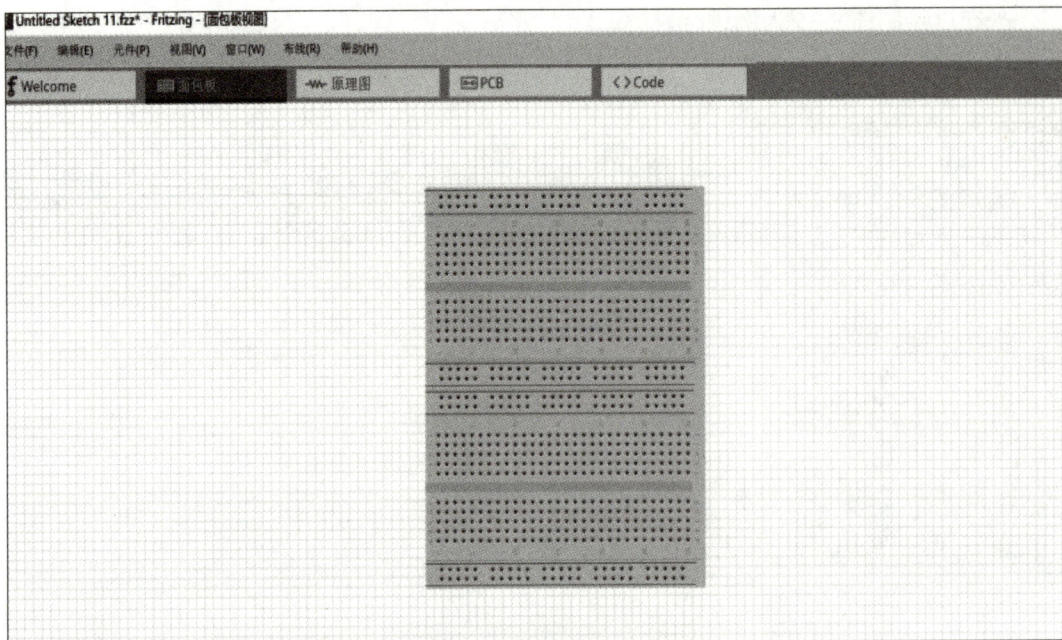

图 2.40　更改后的面包板

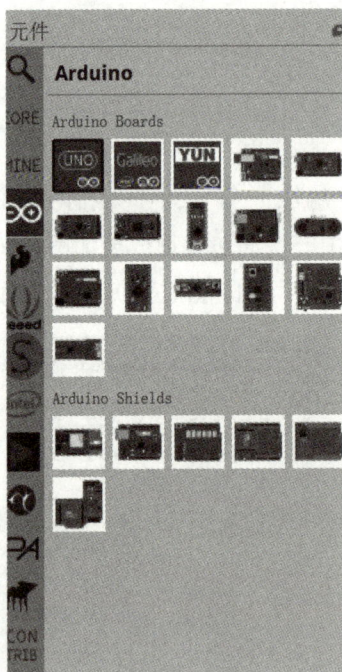

图 2.41　选择 Arduino Uno 开发板

　　(4) 单击鼠标右键选中 Arduino Uno 元件，拖动至左侧面包板视图，旋转 Arduino Uno 元件至 90°。旋转方法有以下三种：

　　① 单击鼠标右键，在弹出的菜单中选择"旋转"，出现如图 2.42 所示的界面，可以在此选择旋转的角度。

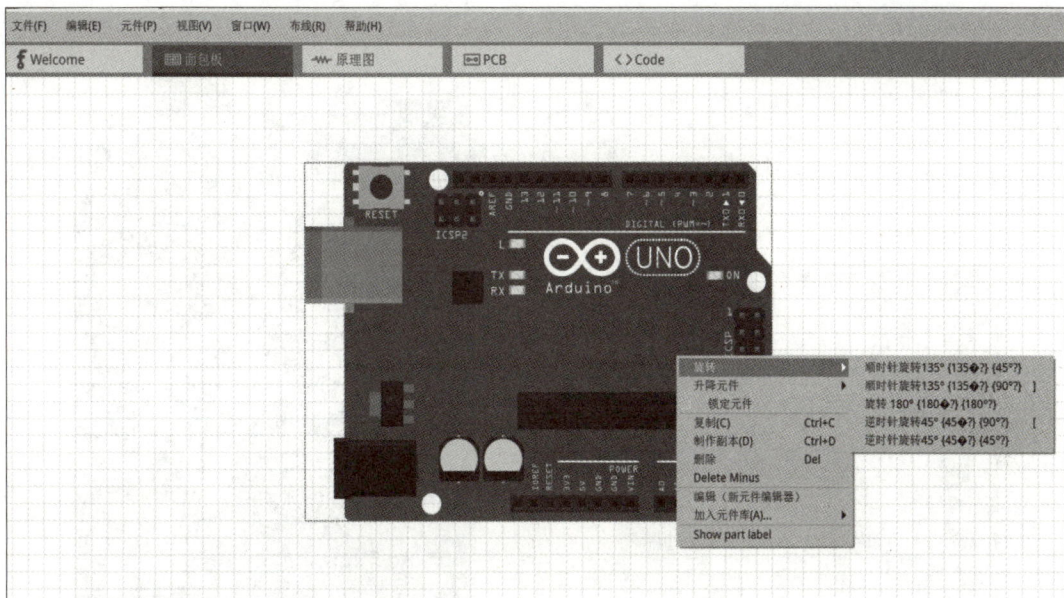

图 2.42　旋转 Arduino Uno 元件方法一

② 在 Fritzing 软件界面上方选择"元件"→"旋转",出现如图 2.43 所示的界面,可以在此选择旋转的角度。

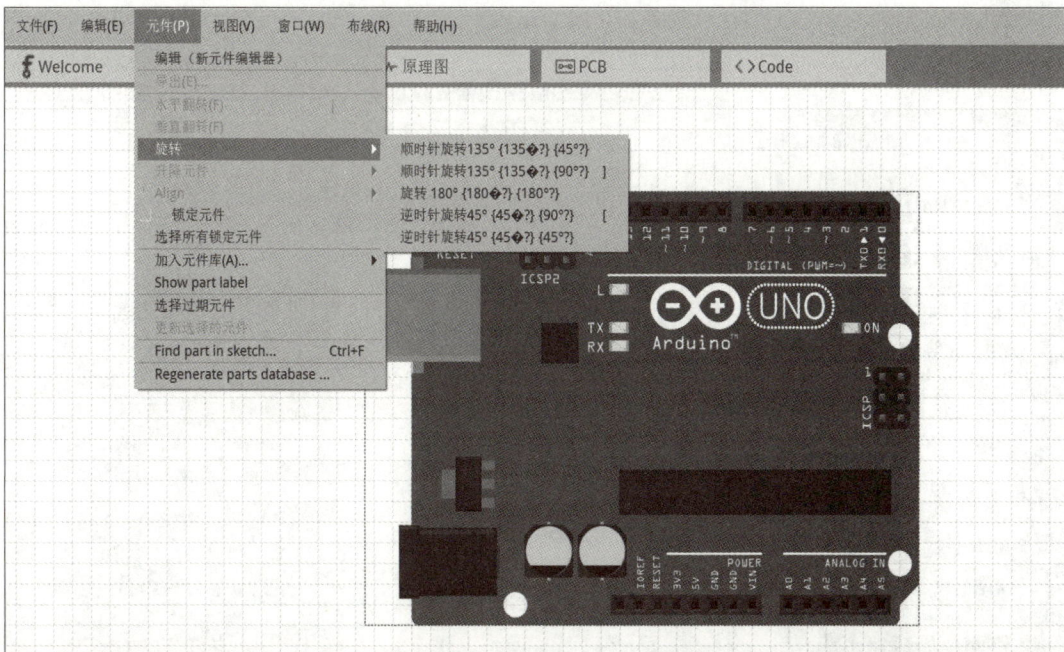

图 2.43　旋转 Arduino Uno 元件方法二

③ 如图 2.44 所示,在 Fritzing 软件界面右下角的"指示栏"的"rotation"文本框输入旋转的角度。旋转 90° 后效果如图 2.45 所示。

(5) 选择白色 LED 灯,直接在工具栏搜索"LED",并将其拖至面包板视图 (LED 四处接口均显示绿色时，才代表连接成功)，如图 2.46、图 2.47 所示。

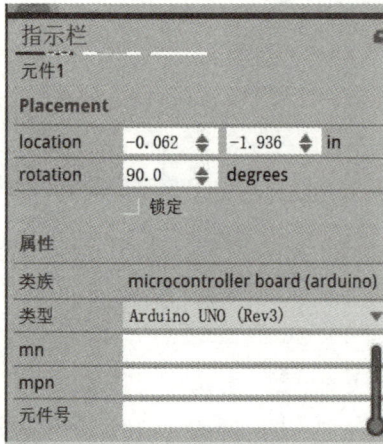

图 2.44　旋转 Arduino Uno 元件方法三

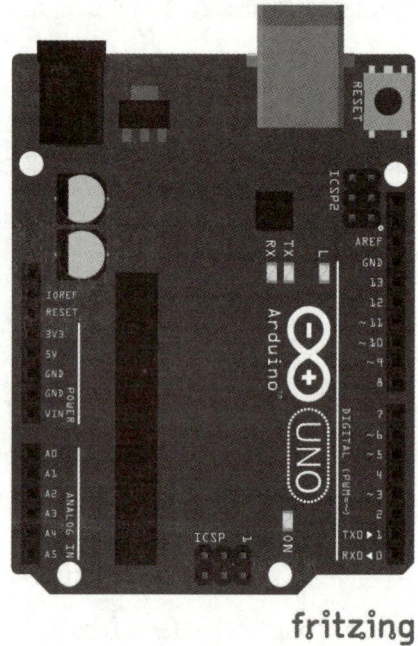

图 2.45　旋转 90° 后效果

图 2.46　搜索 LED

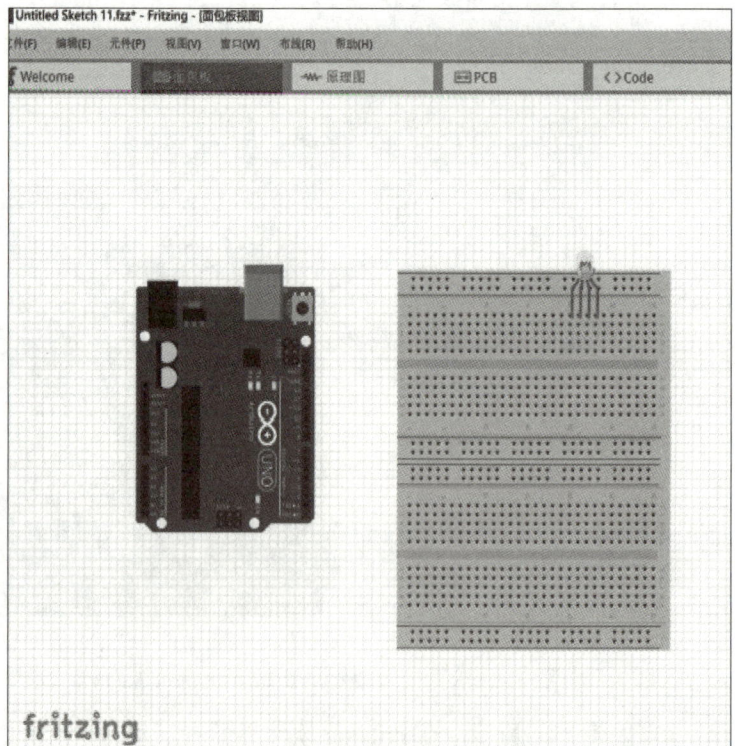

图 2.47　拖动 LED

(6) 在工具栏 "Core" 中选择 3 个 220 Ω 的电阻，拖动至面包板处 (电阻连接线段两端均显示绿色时，才代表连接成功)，如图 2.48 所示。

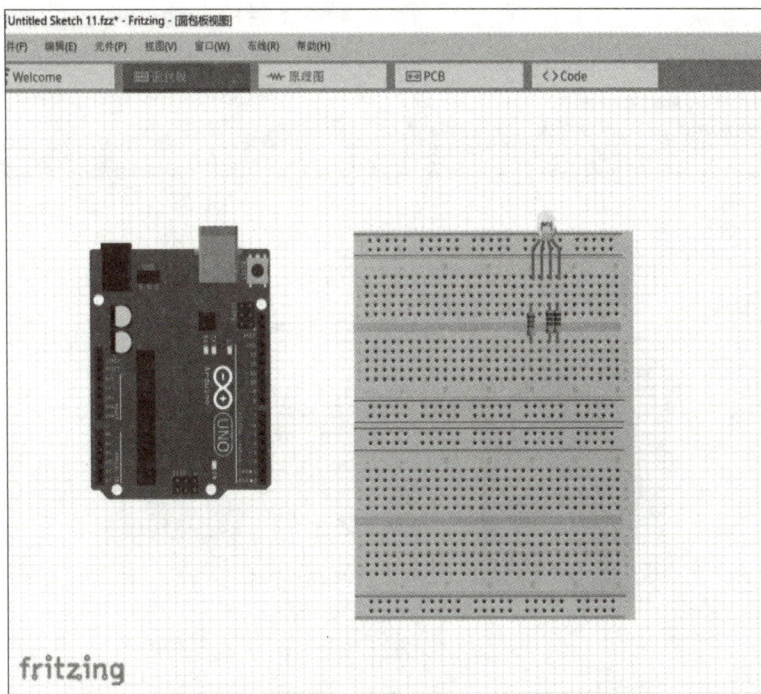

图 2.48　选择电阻

(7) 添加元件间的连线，连线方法为：用鼠标单击想要连接的引脚后按住不放，将光标拖曳至想要连接的引脚处松开即可，以 Arduino 上的 GND 引脚为例，如图 2.49 所示。

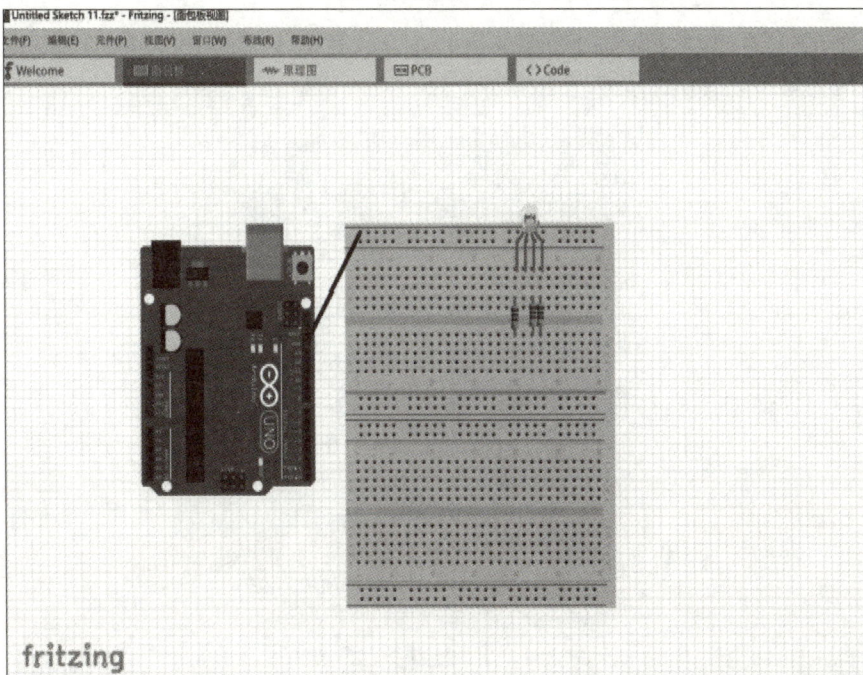

图 2.49　添加连线

连线颜色可以更改，更改方法有以下两种：

① 用鼠标选中当前需要修改颜色的连线，然后单击鼠标右键，在弹出的菜单中选择"连线颜色"，出现如图 2.50 所示的界面，选择所需的颜色即可。

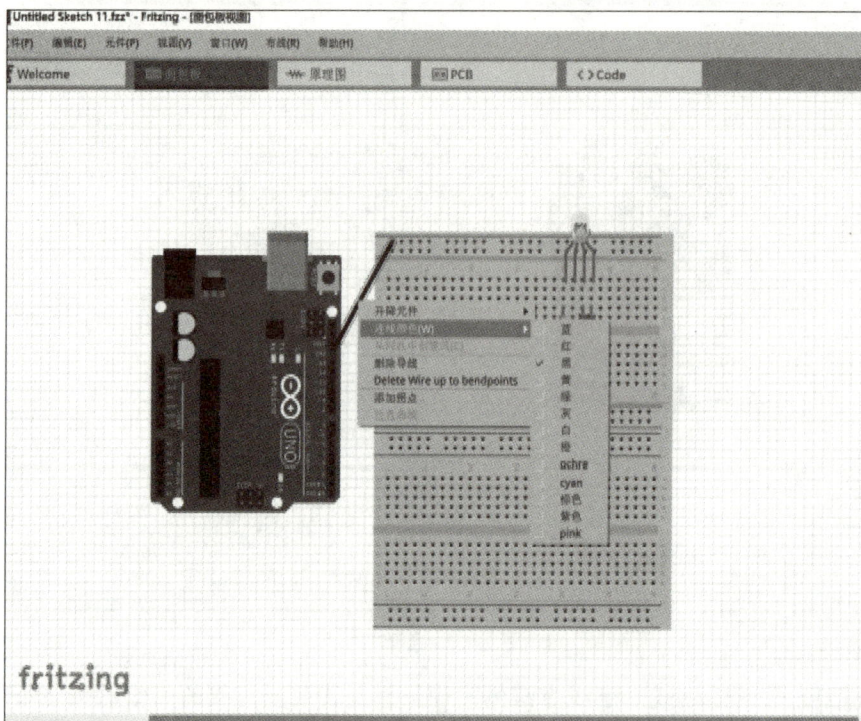

图 2.50　更改连线颜色方法一

② 用鼠标选中当前需要修改颜色的连线，在软件右下方的"指示栏"的"颜色"下拉菜单中选择所需的颜色，如图 2.51 所示。

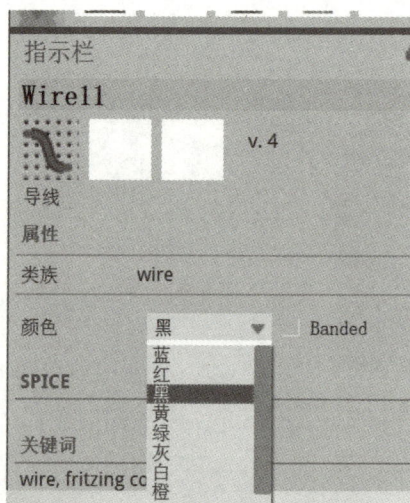

图 2.51　更改连线颜色方法二

添加的连线默认为直线，若要改成示例图那样，改动方法为：按住"Ctrl"键不放，拖动连线即可，如图 2.52 所示。

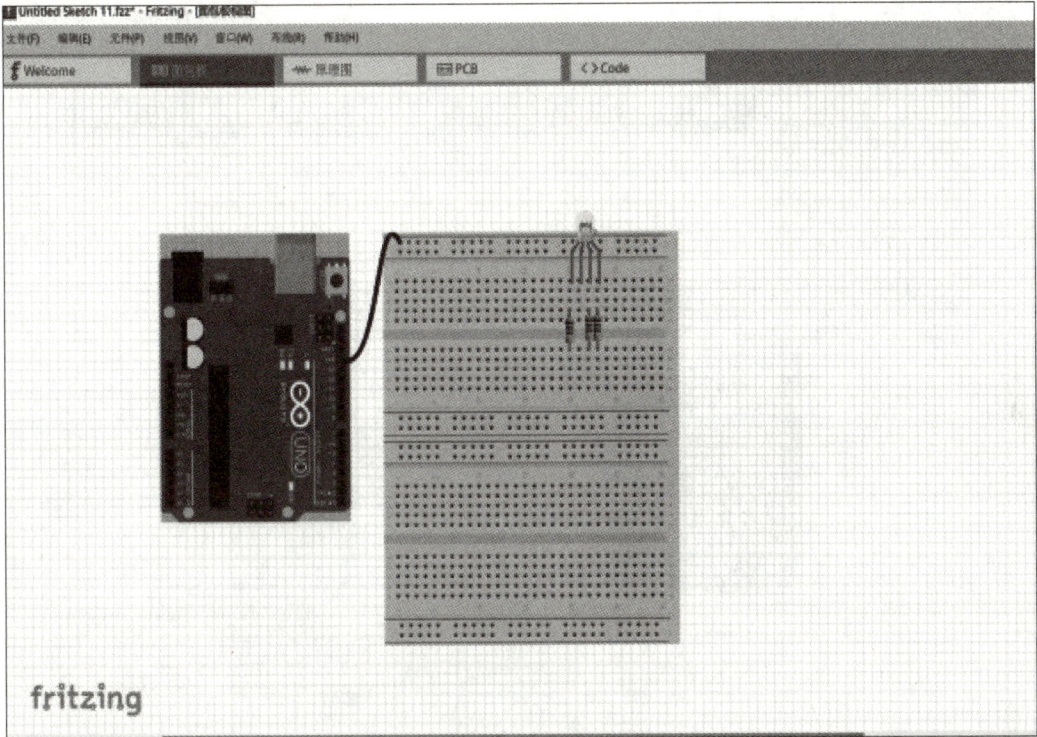

图 2.52　改变连线形状

其他连线按照此方法操作，完成后效果如图 2.53 所示。

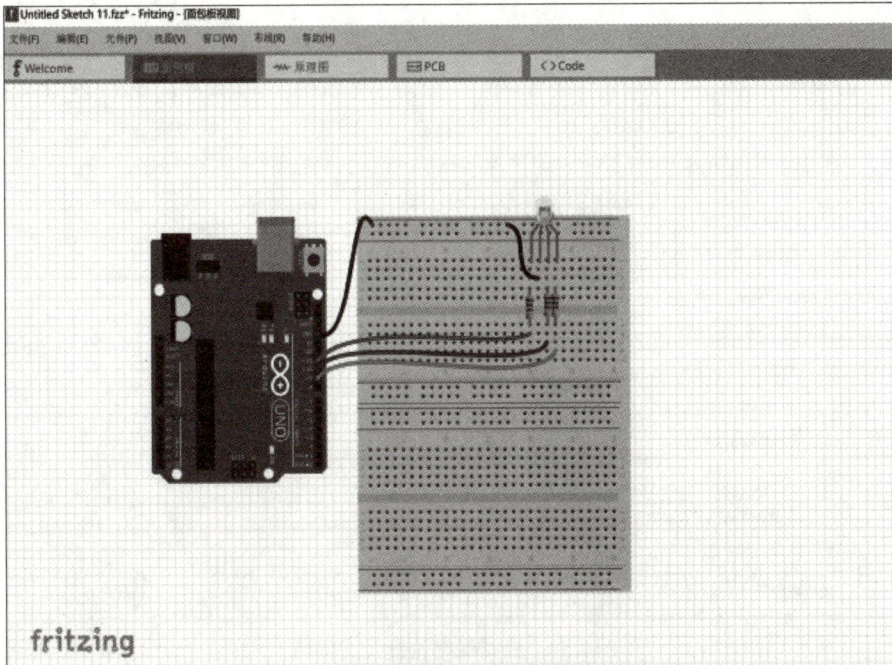

图 2.53　RGB 电路图

(8) 将上述步骤中的 RGB 电路图导出，可以自定义导出文件格式，如导出为 PDF 格式，如图 2.54 所示。

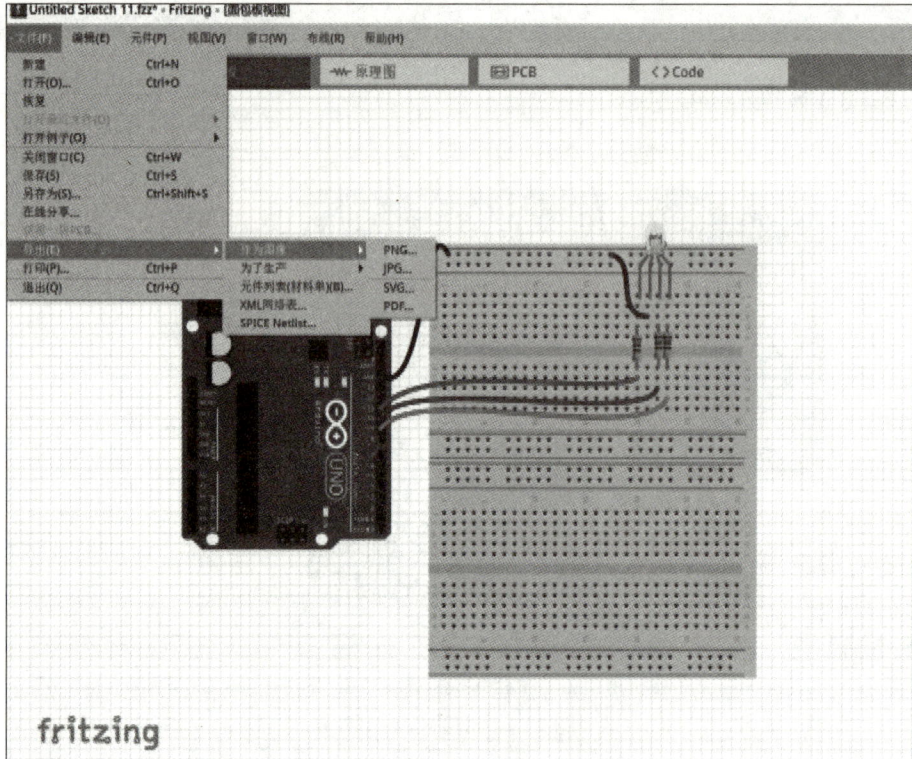

图 2.54　导出为 PDF

(9) 导出时，选择保存位置及文件名，如图 2.55 所示。

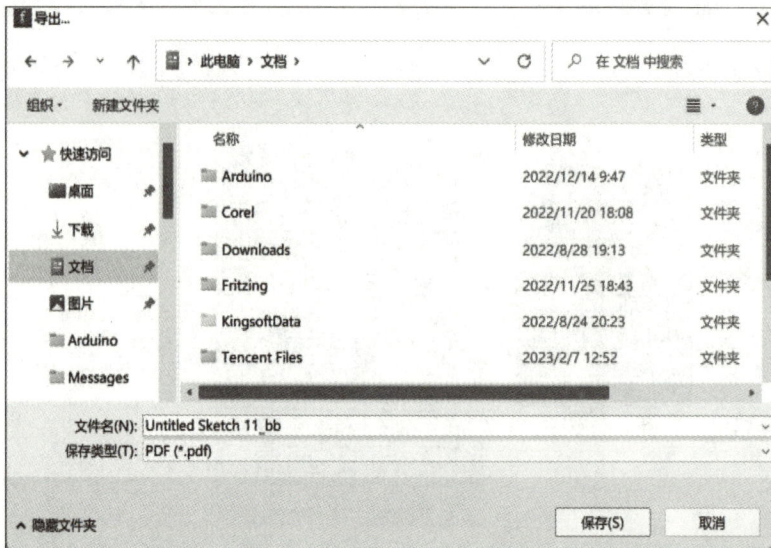

图 2.55　选择保存位置及文件名

图 2.56 即为 RGB 电路图导出图。

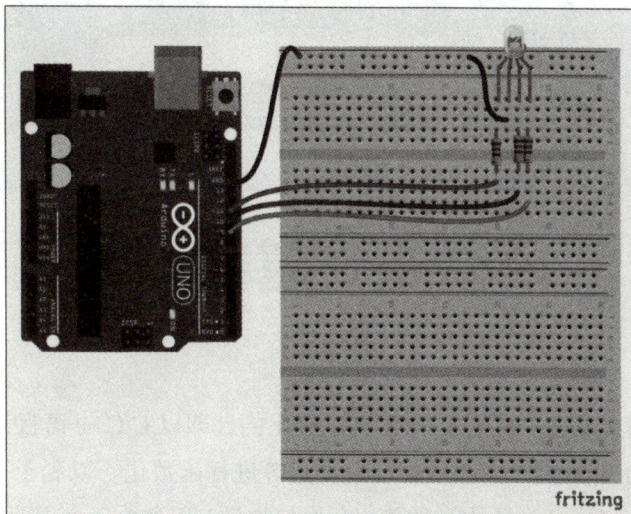

图 2.56　RGB 电路图导出图

本 章 小 结

　　Fritzing 是一款电子设计自动化软件。它支持设计师、艺术家、研究人员和爱好者将物理原型进一步实现为实际的产品，还支持用户记录其 Arduino 和其他电子为基础的原型。Fritzing 支持多国语言，可以同时提供原理图、面包板、PCB 三种视图设计，在采用任意一种视图进行电路设计时，软件都会自动同步生成另外两种视图。

练 习 与 思 考

　　1. 什么是 Fritzing？
　　2. 完成 Fritzing 软件的安装。
　　3. Fritzing 软件界面由哪两部分构成？
　　4. Fritzing 有哪些常见的使用技巧？

第3章

Arduino 的语法基础——C 语言

Arduino 编程语言是建立在 C/C++ 语言基础上的，即以 C/C++ 语言为基础，把与 AVR 单片机 (微控制器) 相关的一些寄存器参数设置等进行函数化，以利于开发者更加快速地使用。Arduino 程序可以分为结构、数值 (变量与常量) 和函数三个主要部分。

3.1 Arduino 程序概述

Arduino IDE 本身拥有许多示例，我们以其中的"Basics"的"AnalogReadSerial"进行说明，如图 3.1 所示。

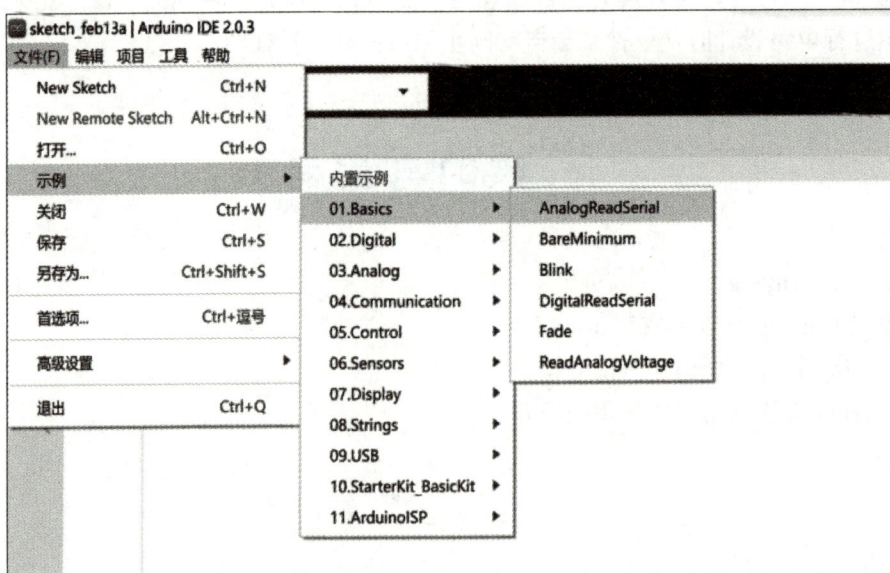

图 3.1　Arduino Basics 示例

"Basics"的"AnalogReadSerial"具体程序代码如图 3.2 所示。

从图 3.2 中可以看到，整个 Arduino 程序的结构由两部分组成，分别是 setup() 和 loop() 函数，这两部分是每个 Arduino 程序必不可少的。此外，Arduino 程序还可包含注释部分。

```
AnalogReadSerial
/*
  AnalogReadSerial

  Reads an analog input on pin 0, prints the result to the Serial Monitor.
  Graphical representation is available using Serial Plotter (Tools > Serial Plotter menu).
  Attach the center pin of a potentiometer to pin A0, and the outside pins to +5V and ground.

  This example code is in the public domain.

  http://www.arduino.cc/en/Tutorial/AnalogReadSerial
*/

// the setup routine runs once when you press reset:
void setup() {
  // initialize serial communication at 9600 bits per second:
  Serial.begin(9600);
}

// the loop routine runs over and over again forever:
void loop() {
  // read the input on analog pin 0:
  int sensorValue = analogRead(A0);
  // print out the value you read:
  Serial.println(sensorValue);
  delay(1);        // delay in between reads for stability
}
```

图 3.2　Basics 程序代码

1. 注释

setup() 函数前通常是整个程序的注释部分，对于一个合格的程序设计者来说，注释是必不可少的。注释常常用来增加整个程序的可读性，不仅方便了程序设计者本身，也方便后面的程序开发者借鉴此程序。注释会被编译器忽略，不会输出到 Arduino 控制器，所以它们不会占用 Atmega 芯片的任何空间。

常见的注释方法有两种：

(1) 单行注释。单行注释使用双斜线"//"，如图 3.3 所示。

```
// the setup routine runs once when you press reset:
void setup() {
  // initialize serial communication at 9600 bits per second:
  Serial.begin(9600);
}

// the loop routine runs over and over again forever:
void loop() {
  // read the input on analog pin 0:
  int sensorValue = analogRead(A0);
  // print out the value you read:
  Serial.println(sensorValue);
  delay(1);        // delay in between reads for stability
```

图 3.3　单行注释

(2) 多行注释。多行注释采用单斜线和星号 "/*" 作为注释的起始部分，使用星号和单斜线 "*/" 作为注释的结尾，如图 3.4 所示。

```
/*
    AnalogReadSerial

    Reads an analog input on pin 0, prints the result to the Serial Monitor.
    Graphical representation is available using Serial Plotter (Tools > Serial Plotter menu).
    Attach the center pin of a potentiometer to pin A0, and the outside pins to +5V and ground.

    This example code is in the public domain.

    http://www.arduino.cc/en/Tutorial/AnalogReadSerial
*/

// the setup routine runs once when you press reset:
void setup() {
    // initialize serial communication at 9600 bits per second:
    Serial.begin(9600);
}

// the loop routine runs over and over again forever:
```

图 3.4　多行注释

2. setup() 函数

当 Arduino 程序开始运行时会调用 setup() 函数。通常 setup() 函数用于初始化程序运行环境，包括变量、引脚状态及一些调用的库等。当 Arduino 控制器通电或复位后，setup() 函数仅仅会运行一次。通常，执行此函数不需要有任何返回值，所以必须使用 void 关键字来声明它并没有返回值。

3. loop() 函数

在调用 setup() 函数对程序运行环境完成了相应的初始化操作后，Arduino 程序会调用 loop() 函数执行相应操作。loop() 函数是一个循环体，在 Arduino 启动后，loop() 函数中的程序将会重复执行。可以通过 loop() 函数来控制 Arduino，并使 Arduino 根据具体的程序进行相应的反应，比如控制灯的闪烁。loop() 函数与 setup() 函数一样，执行时不需要有任何返回值，所以必须使用 void 关键字来声明它没有返回值。

3.2　变量与常量

计算机高级语言使用常量与变量来替代内存的实际地址，使得整个程序更易于阅读与维护，而 Arduino 程序同大部分计算机高级语言一样，也是由一系列的变量与常量组成的。

3.2.1　变量定义

变量代表一个有名字的、具有特定属性的存储单元，在整个程序运行期间，变量的值可以改变。变量必须先定义再使用，在定义时要指明该变量的名字和数据类型。在此小节先介绍变量的定义。

Arduino 程序是基于 C/C++ 语言的，所以变量命名规则与 C 语言类似，Arduino 变量命名规则如下。

(1) 第一个字符必须是字母 (a~z, A~Z)，也可以是"_"(下画线)，但不可以是数字。实际编程中最常用的是以字母开头，而以下画线开头的变量名是系统专用的。

(2) 变量名中间不能有空格，可以使用"_"(下画线)。

(3) 变量名中的字母须区分大小写。

(4) 不能使用关键字。

例如，123abc、int 这样的变量名是不合法的，abc 这样的变量名是合法的。

3.2.2　数据类型

在声明变量时需要指明该变量的名字和数据类型，3.2.1 节已经介绍了变量命名规则，本节将介绍 Arduino 程序的常用数据类型。在 Arduino 语言中常使用的数据类型大致可以分为布尔 (boolean)、整数 (int)、浮点 (float) 三大类。

1. 布尔型

布尔型变量是有两种逻辑状态的变量，它包含 true(真) 和 false(假) 两个值。每个布尔变量占用 1 个字节的内存大小。布尔型变量在运行时通常用作标志，比如通过布尔型变量进行逻辑测试以改变程序流程。

2. 整数型

整数型可以分为 char(字符型)、unsigned char(无符号字符型)、byte(字节型)、int(整数型)、long(长整型)、unsigned long(无符号长整型) 和 String(字符串型)。

1) char

char 数据使用 1 个字节的内存来存储单个字符值。字符以 ASCII 编码的形式存储。字符应写在单引号中，如 'A'(char 数据不能存储字符串。另外在 Arduino 编程中，由多个字符组成的字符串应使用双引号来表示，如 "ABC")。char 数据的编码范围为 −128~127。

2) unsigned char

unsigned char 数据占用 1 个字节的内存。与 byte 数据相同，用于存储 ASCII 编码为 0~255 的字符。

3) byte

byte 数据占用 1 个字节的内存，可存储 8 位无符号数，其存储数值范围是 0~255。byte 数据常常用于控制 LED 灯的亮度或色彩。为了 Arduino 编程风格的一致性，应尽量使用 byte 数据来代替 unsigned char 数据。

4) int

int 数据占用 2 个字节的内存，整数的范围为 −32 768~32 767。

5) long

long 数据占用 4 个字节的内存，数值范围为 −2 147 483 648～2 147 483 647。

6) unsigned long

unsigned long 数据占用 4 个字节的内存，数值范围为 0～4 294 967 295。

7) String

String 是一个类，代表字符串。String 类的值会被存放到常量池中，所以 String 的值是不能被改变的，String 数据可以被所有对象所共享。在 Arduino 及 C++ 程序中，通常有 char 数组和 String 类两种定义字符串的方式，具体说明将在后续章节 (数组) 进行讲解。

3. 浮点型

浮点型可以分为 float(浮点型) 和 double(双精度浮点型)。

1) float

float 数据占用 4 个字节的内存，浮点数的取值范围为 3.402 823 5 E+38～−3.402 823 5 E+38。浮点数经常被用来模拟连续值，因为它们比整数具有更大的精确度。

2) double

double 数据占用 4 个字节的内存，目前 Arduino Uno 上的 double 数据和 float 数据相同，精度并未提高，取值范围为 3.402 823 5 E+38～−3.402 823 5 E+38。

3.2.3　数据类型的转换

在 Arduino 程序中，有时会遇到数据类型的转换，主要可以使用 char(x)、byte(x)、int(x)、long(x)、float(x) 五种方式来改变变量的数据类型，其中 x 可以是任一数据类型的变量。

(1) char(x)。其作用为将一个变量的类型转换为字符型。

(2) byte(x)。其作用为将一个变量的类型转换为字节型。

(3) int(x)。其作用为将一个变量的类型转换为整数型。

(4) long(x)。其作用为将一个变量的类型转换为长整型。

(5) float(x)。其作用为将一个变量的类型转换为浮点型。

3.2.4　变量的声明

变量必须先定义后使用，前面内容已经介绍了变量的定义与数据类型，本小节将讲述如何进行变量的声明。以下面的代码为例：

```
int ledPin=10;
int greenPin=11;
```

上面两行代码声明了两个整数变量 ledPin、greenPin，初始值分别为 10、11，下面的代码也可以起到一样的作用：

```
int ledPin=10,greenPin=11;
```

如果多个变量具有相同的数据类型，那么可以使用上面的方法进行声明，变量之间用逗号隔开。任何变量都只需要声明一次，但是可以多次更改变量的值。

3.2.5　变量的分类

我们经常在程序中看到，不同位置定义了不同变量，那么到底有何区别？在一个函数中定义的变量，能否在其他函数中被引用，这就涉及变量的作用域。每个变量都有一定的作用域，根据变量的作用域不同，可以将变量分为全局变量与局部变量。除了按照变量的作用域划分变量，还可以按照变量的存储时间（即生存期）来划分变量，可以将其划分为静态变量与易变变量。

1. 全局变量

在函数之外定义的变量称为全局变量，它可以在整个程序运行期间被调用，有效作用域为程序开始至整个程序结束。Arduino 中全局变量的定义与使用程序举例如下。

```
int digitalPin = 8;
int ledPin = 13;
int buzzerPin=7;
void setup()
{
    pinMode(digitalPin,INPUT);
    pinMode(ledPin,OUTPUT);
    pinMode(buzzerPin,OUTPUT);
    Serial.begin(9600);
}
void loop()
{
}
```

在上面这段程序代码中，digitalPin、ledPin、buzzerPin 为全局变量，在整个 Arduino 程序运行期间，这三个变量都可以被调用。

2. 局部变量

在函数之内定义的变量称为局部变量，有效作用域只在定义该变量的函数内部。当程序变得更大更复杂时，声明局部变量是一种更加有效的变量声明方式。因为局部变量只有在声明它的函数中有效，而其他函数是不能调用它的。这样做可以防止因为粗心而错误地改变变量数值的问题。

```
void setup()
{
    Serial.begin(9600);
    pinMode(2,INPUT);
    pinMode(13,OUTPUT);
}
void loop()
```

```
{
  int sensorVal=digitalRead(2);
  Serial.println(sensorVal);
  if(sensorVal==HIGH)
  {
    digitalWrite(13,LOW);
  }
  else
  {
    digitalWrite(13,HIGH);
  }
}
```

在上面这段程序代码中，sensorVal 被称为局部变量，只能在 loop() 函数中被有效调用。

3. 静态变量

定义静态变量使用关键字 static，静态变量只对声明该变量的函数有效。静态变量和局部变量的不同之处在于，局部变量在每次调用时都会被创建，在调用结束后被销毁；而静态变量在函数调用后仍然保持着原来的数据；静态变量只会在函数第一次调用的时候被创建和初始化。

```
int stepsize;
int thisTime;
int total;
int randomWalk(int moveSize)
{
  static int p;
  p= p + int (random(-moveSize, moveSize + 1));
}
void setup()
{
  Serial.begin(9600);
}
void loop()
{
  stepsize = 5;
  thisTime=randomWalk(stepsize);
  Serial.println(thisTime);
  delay(10);
}
```

在上面的程序代码中，p 是在 randomWalk 函数中定义的静态变量，在其他任何时候调用此函数，p 的值仍然保持上次调用时的数值。

4. 易变变量

定义易变变量使用关键字 volatile，声明一个 volatile 变量是编译器的一个指令。具体来说，该指令指示编译器从 RAM 而非存储寄存器 (程序存储和操作变量的内存区域) 中读取变量。

当一个变量的控制和改变可能来自程序代码以外的环境，比如在使用 Arduino 的中断功能 ISR(中断服务程序) 中所涉及的变量时，此时变量需要被声明为 volatile(易变变量)。

```
const int ledPin = 13;
const int interruptPin=2;
volatile byte state = LOW;
void setup()
{
  pinMode(ledPin,OUTPUT);
  pinMode(interruptPin,INPUT_PULLUP);
  attachInterrupt(digitalPinToInterrupt(interruptPin), blink, CHANGE);
}
void loop()
{
  digitalWrite(ledPin, state);
}
void blink()
{
  state = !state;
}
```

在上面这段程序代码中，state 被声明为 volatile(易变变量)。

3.2.6　常量

在整个程序运行期间，常量的值都不会被改变。在 Arduino 语言中，常见的常量有以下几类：

1. HIGH/LOW

HIGH/LOW 表示数字 I/O 口的电平，取值取决于 Arduino 的引脚设置，HIGH 表示高电平 1，LOW 表示低电平 0。

2. INPUT/OUTPUT/INPUT_PULLUP

INPUT/OUTPUT/INPUT_PULLUP 表示数字 I/O 口的方向，INPUT 表示输入，OUTPUT 表示输出，INPUT_PULLUP 表示输入上拉模式。

3. true/false

在 Arduino 语言中，使用 true/false 来表示真和假。false 又被定义为数值 0，true 通常被定义为数值 1，但 true 具有更广泛的定义。在布尔 (boolean) 类型里任意非零整数都是 true，所以在布尔含义内 -1、200 等非零数值都被定义为 true。

4. 整型常量

整型常量是直接在程序中使用的数字，如 123。整数常量默认为十进制，但可以加上特殊前缀表示为其他进制。八进制数字的前缀是 "0"，十六进制数的前缀是 "0x"。

5. 浮点数常量

浮点数常量可含有小数，它可以用科学记数法表示。"E" 和 "e" 都可以作为有效的指数标志。

6. 符号常量

符号常量用 #define 定义，指定一个符号代表一个名称，如：

```
#define PI 3.141596
```

7. 常变量

定义常变量使用关键字 const，常变量是有名字的不变量，而常量是没有名字的不变量，如：

```
const int ledPin=10;
```

3.3　运算符和表达式

Arduino 程序需要对数据进行加工处理时会涉及运算，在运算时则需要使用规定的运算符。与 C 语言类似，所涉及的运算符可分为算术运算符、关系运算符、逻辑运算符、位运算符、指针运算符、布尔运算符及复合运算符。

3.3.1　算术运算符

在 Arduino 语言中常见的算术运算符如表 3-1 所示。

表 3-1　算 术 运 算 符

算术运算符	含　义	举　例	结　果
=	赋值运算符	i=3	i 等于 3
+	加法运算符	i+j	i 与 j 的和
−	减法运算符	i-j	i 与 j 的差
*	乘法运算符	i*j	i 与 j 的乘积
/	除法运算符	i/j	i 除以 j 的商
%	求余运算符	i%j	i 除以 j 的余数

算术运算符 Arduino 程序示例如下。

```
void setup()
{
    Serial.begin(9600);
}
void loop()
{
    int i=20,j=10;
    int a,b,c,d,e;
    a=i+j;      // 加法运算，a=30
    b=i-j;      // 减法运算，b=10
    c=i*j;      // 乘法运算，c=200
    d=i/j;      // 除法运算，d=2
    e=i%j;      // 余数运算，e=0
}
```

3.3.2　关系运算符

关系运算即比较运算，用于将两者进行比较。当关系表达式成立时，表达式的值为 true，反之，表达式的值为 false。在 Arduino 语言中常见的关系运算符如表 3-2 所示。

表 3-2　关 系 运 算 符

关系运算符	含　义	举　例	结　果
==	等于	i==j	i 等于 j
!=	不等于	i!=j	i 不等于 j
<	小于	i<j	i 小于 j
>	大于	i>j	i 大于 j
<=	小于等于	i<=j	i 小于等于 j
>=	大于等于	i>=j	i 大于等于 j

关系运算符 Arduino 程序示例如下。

```
int i=100;
const int ledPin=13;
void setup()
{
    Serial.begin(9600);
}
void loop()
{
    if(i>=120) // 判断 i 是否大于等于 120
```

```
        digitalWrite(ledPin, HIGH);
    else
        digitalWrite(ledPin, LOW);
    }
```

3.3.3 布尔运算符

布尔运算符也可以被称为逻辑运算符，在 Arduino 语言中常见的布尔运算符如表 3-3 所示。

表 3-3　布 尔 运 算 符

布尔运算符	含　义	举　例	结　　果
&&	逻辑与 (AND)	i&&j	i 与 j 同时为真，则结果为真，否则为假
‖	逻辑或 (OR)	i‖j	i 与 j 有一个以上为真，则结果为真；二者都为假，结果为假
!	逻辑非 (NOT)	!j	若 j 为真，则结果为假；若 j 为假，则结果为真

布尔运算符 Arduino 程序示例如下。

```
boolean pushButton1;
boolean pushButton2;
 void setup()
 {
   pinMode(2,INPUT);
   pinMode(8,INPUT);
   pinMode(13,OUTPUT);
 }
void loop()
 {
   pushButton1 = digitalRead(2);
   pushButton2 = digitalRead(8);
   if (!pushButton1 && !pushButton2)    // 逻辑与
   {
     digitalWrite(13,HIGH);
   }
   else
   {
     digitalWrite(13,LOW);
   }
 }
```

3.3.4　位运算符

位运算是将两者的每一个位都进行逻辑运算，在 Arduino 语言中常见的位运算符如表 3-4 所示。

表 3-4　位运算符

位运算符	含　义	举　例	结　　果
&	按位与运算	i&j	如果两个位都是 1，结果为 1，否则结果为 0
|	按位或运算	i|j	只要任一表达式的一位为 1，则结果中的该位为 1。否则，结果中的该位为 0
^	位异或运算	i^j	如果两个运算位相同，则结果为 0，否则为 1
~	按位取反运算	~i	按位取反，0 变为 1，1 变为 0
<<	左移运算符	i<<3	i 左移 3 位
>>	右移运算符	i>>3	i 右移 3 位

位运算符 Arduino 程序示例如下。

```
int i = 12;
int j= 10;
int a= i&j;    // a=0000000000001000
int b= i | j;   // b=0000000000001110
int c=i^j;      // c=1111111111111001
int d=~i;       // d=1111111111110011
int e=i<<3;     // e=0000000001100000
int f=i>>3;     // f=1000000000000001
```

3.3.5　复合运算符

在 Arduino 语言中常见的复合运算符如表 3-5 所示。

表 3-5　复合运算符

复合运算符	含　义	举　例	结　　果
++	自加	i++	i 的值加 1
--	自减	i--	i 的值减 1
+=	复合加	i+=j	i=i+j
-=	复合减	i-=j	i=i-j
*=	复合乘	i*=j	i=i*j
/=	复合除	i/=j	i=i/j
%=	复合取余	i%=j	i=i%j
&=	复合与	i&=j	i=i&j
|=	复合或	i|=j	i=i|j

3.3.6　运算符优先级

当表达式中不止一个运算符时，就涉及运算符的优先级。若需要改变运算符的优先级，可以使用 () 将需要改变优先级的表达式括起来。Arduino 语言中常见的运算符优先级如表 3-6(从低到高排列) 所示。

表 3-6　运算符优先级

优　先　级	运　算　符
1	赋值运算符
2	&&、||
3	关系运算符
4	算术运算符
5	!

其中关系运算符的优先级为：<、<=、>、>= 优先级相同，==、!= 优先级相同，前面四种 (<、<=、>、>=) 的优先级大于后面两种 (==、!=) 的优先级。

其中算术运算符的优先级为：*、/、% 优先级相同，+、- 优先级相同，前面三种 (*、/、%) 的优先级大于后面两种 (+、-) 的优先级。

3.4　Arduino 控制语句

在 C 语言中有控制语句，Arduino 语言也一样，主要有以下两种：条件控制语句 (if、if...else、switch...case)、循环控制语句 (for、while、do...while)。在需要改变控制语句的状态时，可以用 break、continue 语句。

3.4.1　条件控制语句

在 Arduino 语言当中的条件控制语句有 if、if...else、switch...case 三大类。

1. if 语句

通过 if 语句，用户可以让 Arduino 判断某一个条件是否达到，并且根据这一判断结果执行相应的程序。其形式为：

if(表达式) 语句

if 语句结构如图 3.5 所示。

if 语句程序示例如下。

```
int a=1;
const int ledPin=13;
void setup()
```

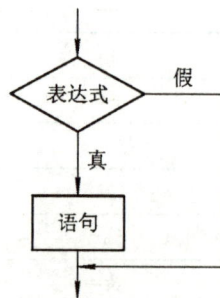

图 3.5　if 语句

```
{
    Serial.begin(9600);
}
void loop()
{
    if(a=1)
        digitalWrite(ledPin, HIGH);
}
```

2. if...else 语句

通过 if...else 语句，用户可以让 Arduino 判断某一个条件是否达到，当表达式为真时，执行 if 内的语句块；当表达式为假时，执行 else 内的语句。

if...else 语句形式为：

```
if( 表达式 )
{
    语句块 1
}
else
{
    语句块 2
}
```

if...else 语句结构如图 3.6 所示。

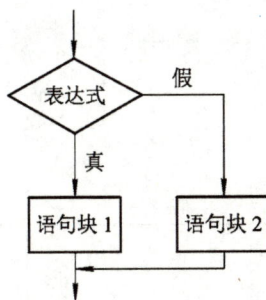

图 3.6　if...else 语句结构

if...else 语句程序示例如下。

```
int a=0;
const int ledPin=13;
void setup()
{
    Serial.begin(9600);
}
void loop()
```

```
{
  if(a==0)
  {
    digitalWrite(ledPin, HIGH);
  }
  else
  {
    digitalWrite(ledPin, LOW);
  }
}
```

3. if 语句的嵌套

在 if 语句中包含多个 if 语句称为 if 语句的嵌套。其一般形式如下：

```
if( 条件表达式 1)
{
  if( 条件表达式 2)    语句 1
  else               语句 2
}
else
{
  if( 条件表达式 3)    语句 3
  else               语句 4
}
```

if 语句的嵌套结构如图 3.7 所示。

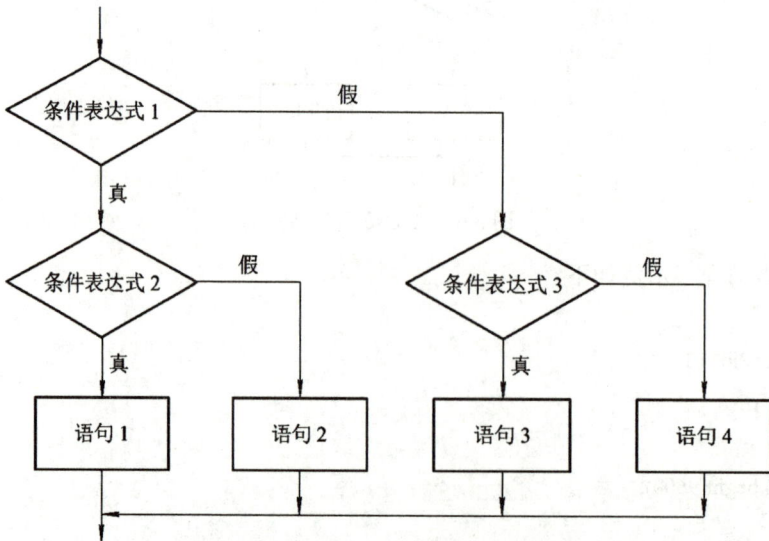

图 3.7　if 语句的嵌套

if 语句的嵌套程序示例如下。

```
int a=7;
int greenPin=10;
int redPin=13;
void setup()
{
  Serial.begin(9600);
}
void loop()
{
  if( a >5 )
  {
    if(a > 7)
      digitalWrite(redPin, HIGH);
    else
      digitalWrite(redPin, LOW);
  }
  else
  {
  if(a>3)
    digitalWrite(greenPin, HIGH);
  else
    digitalWrite(greenPin, LOW);
  }
}
```

4. switch...case 语句

Arduino 编程语言虽然没有限制 if...else 的分支数量，但当分支过多时，用 if...else 语句处理容易出现 if...else 配对出错的情况，这时使用 switch...case 语句可以有效避免这种情况。

与 if 语句一样，switch...case 允许 Arduino 根据不同的条件运行不同的程序代码。switch 语句通过对一个变量的值与 case 语句中指定的值进行比较，当一个 case 语句中的指定值与 switch 语句中的变量相匹配时，就会运行 case 语句下的代码。

通常 switch...case 通过 break 关键字来改变程序运行状态，跳出 switch 语句段。break 关键字常常用于每个 case 语句的最后面。如果没有 break 语句，switch 语句将继续执行下面的表达式，直到遇到 break，或者是到达 switch 语句的末尾。

switch...case 语句一般形式为：

```
switch( 表达式 )
```

```
{
    case 条件值 1：语句 1
    case 条件值 2：语句 2
    case 条件值 3：语句 3
    default： 语句 4
}
```

需要注意的是：

(1) case 语句后面必须是一个整数，或者是结果为整数的表达式，不能包含任何变量。

(2) case 语句后面不能使用字符串，但可以使用字符，使用字符时需要使用单引号把字符括起来，如 case: 'a'。

(3) default 不是必需的。当没有 default 时，如果所有 case 都匹配失败，那就什么都不执行。

switch...case 语句结构图如图 3.8 所示。

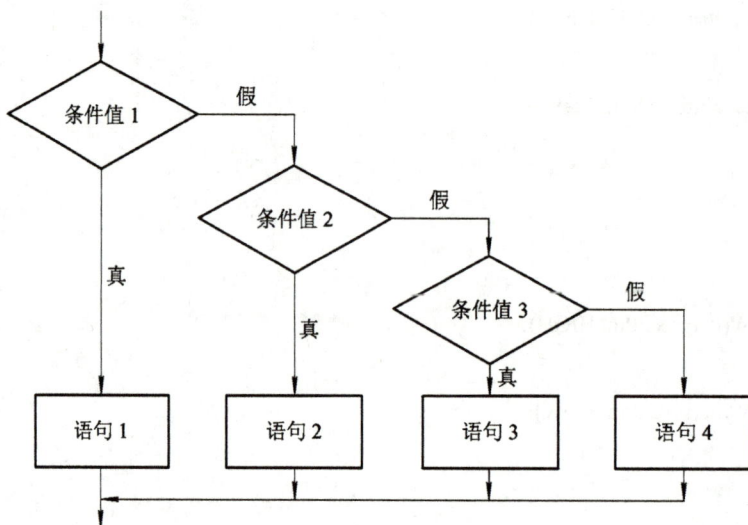

图 3.8　switch...case 语句结构

switch...case 语句程序示例如下。

```
void setup()
{
    Serial.begin(9600);
    for (int ledPin = 2; ledPin < 7; ledPin++)
    {
        pinMode(ledPin, OUTPUT);
    }
}
void loop()
{
```

```
        if (Serial.available() > 0)
        {
          int inByte = Serial.read();
          switch (inByte)
          {
            case 'a':
            digitalWrite(2, HIGH);
            break;
            case 'b':
            digitalWrite(3, HIGH);
            break;
            case 'c':
            digitalWrite(4, HIGH);
            break;
            case 'd':
            digitalWrite(5, HIGH);
            break;
            case 'e':
            digitalWrite(6, HIGH);
            break;
            default:
            for (int ledPin = 2; ledPin < 7;ledPin++)
            {
                digitalWrite(ledPin, LOW);
            }
            break;
          }
        }
    }
```

3.4.2　循环控制语句

在 Arduino 语言中，常见的循环控制语句有 for、while、do...while 三大类。

1. for 语句

for 语句的一般形式为：

```
for( 表达式 1; 表达式 2; 表达式 3)
{
  语句块
}
```

以上程序的执行过程如下：

(1) 先求解表达式 1，表达式 1 仅在第一次循环时求解，可以为一个或多个变量设置初值。

(2) 求解表达式 2(循环条件表达式)，用来判定循环，若其值为真 (非 0)，则执行括号中的语句块，否则将结束循环。

(3) 每一次执行完语句块，Arduino 将求解表达式 3，作为循环的调整。

(4) 重复执行步骤 (2) 和 (3)，直到循环结束。

for 语句结构如图 3.9 所示。

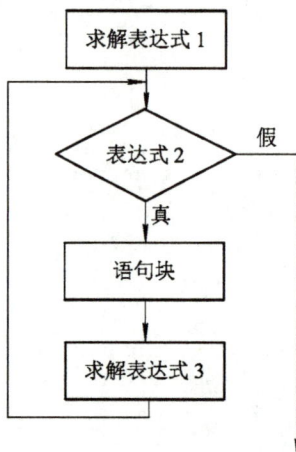

图 3.9　for 语句结构

for 语句程序示例如下。

```
int ledPin = 9;
void setup()
{
}
void loop()
{
    for (int i=0; i <= 255; i++)
    {
        analogWrite(ledPin, i);
        delay(100);
    }
}
```

2. while 语句

while 循环将会连续无限地循环，直到圆括号 () 中的表达式变为假。被测试的表达式变量必须被改变，否则 while 循环永远不会中止。可以在代码中改变被测试变量，比如让该变量递增或递减，也可以通过外部条件改变被测试变量，比如将一个传感器的读数赋值给被测试变量。

while 语句一般形式为：

```
while( 表达式 / 循环条件 )
{
    语句块 / 循环体
}
```

while 语句结构图如图 3.10 所示。

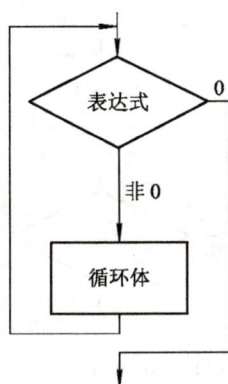

图 3.10　while 语句结构

while 语句程序示例如下。

```
void setup()
{
    Serial.begin(9600);
}
void loop()
{
    int i=1, sum=0;
    while(i<=100)
    {
        sum+=i;
        i++;
    }
    Serial.print ("sum = ");
    Serial.println (sum);
    delay (1000);
}
```

3. do...while 语句

while 循环的特点是先判断条件表达式，再执行循环体。而 do...while 循环是先无条件地执行循环体，再判断条件表达式是否成立。

do...while 语句的一般形式为：

```
do
{
    语句块
} while( 表达式 );
```

do...while 语句结构如图 3.11 所示。

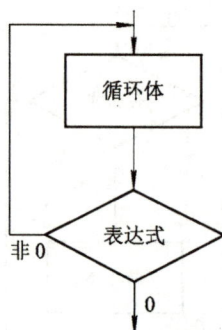

图 3.11   do...while 语句结构

do...while 语句程序示例如下。

```
void setup()
{
    Serial.begin(9600);
}
void loop()
{
    int i=1, sum=0;
    do{
        sum+=i;
        i++;
    }while(i<=100);
    Serial.print ("sum = ");
    Serial.println (sum);
    delay (1000);
}
```

3.4.3   break 与 continue 语句

在有些情况下需要改变控制语句的状态，这时可以用 break、continue 语句。

1. break

在介绍 switch...case 语句时曾简单提到过 break 语句。break 语句的作用是提前终止循环。break 语句只能用于循环语句和 switch...case 语句中，不能单独使用。具体示例可以参见 3.4.1 小节相关内容。

2. continue

continue 语句的作用是跳过循环体中剩余的语句而强制进入下一次循环。continue 语句通常用于 while、for 循环中，常与 if 条件语句一起使用，判断条件是否成立。

continue 语句程序示例如下。

```
void setup()
{
    pinMode (3, OUTPUT);
}
void loop()
{

    for (int x = 0; x < 255; x ++)
    {
        if (x > 40 && x < 120)
        {
            continue;   // 跳过此次循环，继续下一次循环
        }
        analogWrite(3, x);
    }
}
```

3.5 数　　组

数组是一种可通过索引号访问的同类型变量集合。在 Arduino 语言中经常使用一维数组，本节介绍如何定义数组与使用数组。

1. 数组的定义

定义一维数组的一般形式为：

数据类型 数组名 [常量表达式]；

如定义一个整型数组，数组名为 a，此数组包含 10 个整型元素：

int a[10];

2. 数组的初始化

(1) 在定义数组的同时赋值。例如：

```
int a[10] = {1, 3, 5, 7,9,11,13,15,17,19};
```

{ } 中的值即为各元素的初值，各值之间用逗号分隔。

(2) 可以只给部分元素赋初值。例如：

```
int a[10]={1, 3, 5 , 7, 9};
```

表示只给 a[0]～a[4] 这 5 个元素赋值，而后面 5 个元素自动赋值 0。

当赋值的元素少于数组总体元素时，剩余的元素自动初始化为 0：对于 short、int、long 类型数据，就是整数 0；对于 char 类型数据，就是字符 '\0'；对于 float、double 类型数据，就是小数 0.0。

(3) 通过下面的形式将数组的所有元素初始化为 0：

```
int a[10] = {0};
char c[10] = {0};
float f[10] = {0};
```

由于剩余的元素会自动初始化为 0，所以只需要给第 1 个元素赋值 0 即可。

3. 数组的使用

使用数组元素时需要指明下标，使用形式为：

数组名 [下标]

例如，a[0] 表示第 1 个元素，a[3] 表示第 4 个元素。

需要注意的是：

(1) 数组中每个元素的数据类型必须相同，例如对于 int a[4]，每个元素都必须为 int。

(2) 数组中的下标从 0 开始，最大数组长度为下标值。

在 Arduino 语言中，数组应用示例如下。

```
void setup()
{
  Serial.begin(9600);
}
void loop()
{
  int a[5] = {1, 3, 5, 7,9};
  for(int i=0; i<5; i++)
  {
    Serial.print("a[");
    Serial.print(i);
    Serial.print("] =");
    Serial.println(a[i]);
  }
}
```

3.6　预　处　理

预处理是指在进行编译之前所做的工作。预处理是 C 语言的一个重要功能，它由预处理程序负责完成。当对一个源文件进行编译时，系统将自动引用预处理程序对源程序中的预处理部分作处理，预处理完毕后自动进入对源程序的编译。

预处理命令以"#"号开头，一般放在源文件的起始部分，也称为预处理部分。

在 Arduino 语言中，主要的预处理命令有两种：include、define。

1. include

#include 用于在程序中引入外部的库文件。通过 #include 语句，用户可以在程序中直接使用丰富的标准 C 程序资源。

include 语句格式通常为：

```
#include < 库文件 >
```

或者

```
#include " 库文件 "
```

include 语句程序示例如下。

```
#include <IRremote.h>    // 引入红外遥控的头文件
const int irReceiverPin =7;
const int ledPin = 13;
IRrecv irrecv(irReceiverPin);
decode_results results;
void setup()
{
  pinMode(ledPin,OUTPUT);
  Serial.begin(9600);
  irrecv.enableIRIn();
}
void loop()
{
}
```

2. define

在 C 或 C++ 语言源程序中，允许用一个标识符来表示一个字符串，称为"宏"。被定义为"宏"的标识符称为"宏名"。在编译预处理时，对程序中所有出现的"宏名"，都可以用宏定义中的字符串去代换，这称为"宏代换"或"宏展开"。宏定义是由源程序中的宏定义命令完成的。宏代换是由预处理程序自动完成的。而宏定义使用的是 define 命令，其格式为：

```
#define 宏名称 内容
```

define 语句程序示例如下。

```
#define ledPin 10    // 将 ledPin 宏定义为 10
void setup()
{
    pinMode(ledPin, OUTPUT);
}
void loop()
{
    digitalWrite(ledPin, HIGH);
    delay(200);
    digitalWrite(ledPin, LOW);
    delay(200);
}
```

3.7 函 数

在前面的章节中，我们已经接触过 Arduino 程序中的 setup() 与 loop() 函数，那什么是函数呢？从本质上来说，函数就是用来完成一定功能的，每个函数用来实现一个特定的功能。Arduino 语言中常用的函数大致可以分为以下几类：通信函数、数字 I/O 口函数、模拟 I/O 口函数、高级 I/O 口函数、时间函数、数学函数和外部中断函数。

3.7.1 通信函数

串行通信接口 (简称串口) 常常用于 Arduino 与个人电脑或其他设备进行通信。串行通信接口是指数据一位一位地按顺序传送，其特点是通信线路简单，只要一对传输线 (见图 3.12) 即可实现双向通信 (可以直接利用电话线作为传输线)，从而大大降低了成本，特别适用于远距离通信，但缺点是传送速度较慢。

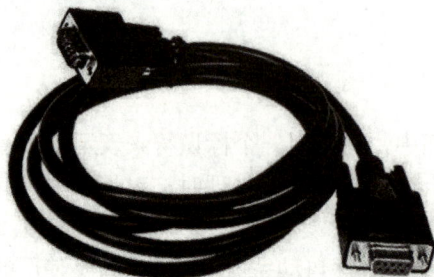

图 3.12 传输线

　　串行通信接口的数据传输速率为 115～230 kb/s，初期，串行通信接口只是为了实现计算机外设的通信，一般用来连接鼠标和外置 Modem 以及老式摄像头和写字板等设备。由于串行通信接口 (COM) 不支持热插拔且传输速率较低，部分新主板和大部分便携电脑已开始取消该接口，目前串行通信接口多用于工控和测量设备以及部分通信设备中，包括各种传感器采集装置、GPS 信号采集装置、多个单片机通信系统、门禁刷卡系统的数据传输、机械手控制、操纵面板控制电机等，特别是广泛应用于低速数据传输的工程应用。

　　所有 Arduino 控制器都有至少一个串行通信接口，也可以把这个接口称为通用异步收发传输器 (Universal Asynchronous Receiver/Transmitter，UART) 或者通用同步 / 异步串行接收 / 发送器 (Universal Synchronous/Asynchronous Receiver/Transmitter，USART)。个人电脑或其他设备可以通过 USB 端口与 Arduino 的引脚 0(RX) 和引脚 1(TX) 进行通信，所以当 Arduino 的引脚 0 和引脚 1 用于串行通信时，Arduino 的引脚 0 和引脚 1 被占用，不能用作其他用处。当需要与 Arduino 控制器进行串行通信时，可以选择 Arduino IDE 软件中的"工具"→"串口监视器"选项，如图 3.13 所示。

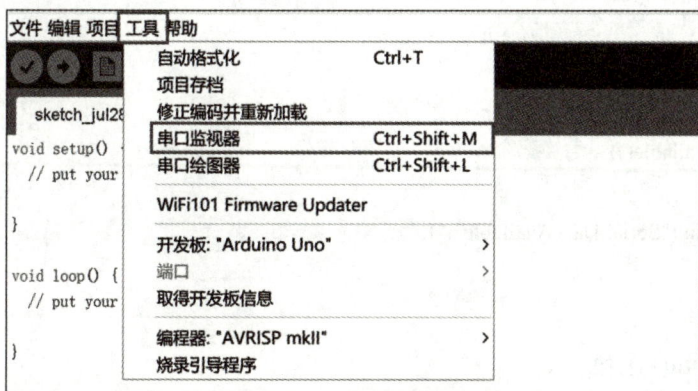

图 3.13　串口监视器

Serial(串行通信) 函数包含很多种类，常用的主要有以下几种。

1. Serial.begin() 函数

Serial.begin() 函数设置电脑或者其他设备与 Arduino 进行串行通信时的数据传输速率 (每秒传输字节数)。

此函数使用语法为：

```
Serial.begin(speed)
```

其中参数 speed：每秒传输字节数，数据为 long 型 (长整型数据)，可使用以下速率 (单位：b/s)：300、600、1200、2400、4800、9600、14 400、19 200、28 800、38 400、57 600、115 200。也可以根据所使用的设备而设置其他传输速率。

此函数返回值：无。

Serial.begin() 函数程序示例如下。

```
void setup()
{
  Serial.begin(9600);  // 以 9600 kb/s 的传输速率启动串口通讯
```

```
}
void loop()
{
}
```

2. Serial.available() 函数

Serial.available() 函数用于检查设备是否接收到数据，会返回等待读取的数据字节数。此函数使用语法为：

```
Serial.available( )，不带参数
```

此函数返回值为：等待读取的数据字节数，返回值数据类型：int。

Serial.available() 函数程序示例如下。

```
void setup()
{
    Serial.begin(9600);
}
void loop()
{
    if (Serial.available())
    {
        Serial.print("Serial Data Available...");
    }
}
```

3. Serial.print() 函数

Serial.print() 函数以人类可读的 ASCII 码形式向串口发送数据，该函数有多种格式，可以发送变量，也可以发送字符串。整数的每一数位将以 ASCII 码形式发送。浮点数同样以 ASCII 码形式发送，默认保留小数点后两位。字节型数据将以单个字符形式发送。字符和字符串会以其相应的形式发送。

此函数使用语法为：

```
Serial.print(val)
```

或者

```
Serial.print(val, format)
```

Serial.print() 函数中的参数：

(1) val：要发送的数据 (任何数据类型)。

(2) format：指定数字的基数 (用于整型数) 或者小数的位数 (用于浮点数)，常用的有 DEC(二进制)、HEX(十六进制)、OCT(八进制)、BIN(二进制)。

此函数返回值：返回发送的字节数 (可丢弃该返回值)。

4. Serial.println() 函数

Serial.println() 函数以人类可读的 ASCII 码形式向串口发送数据，类似 print() 指令，但是增加了换行功能。

此函数使用语法为：

Serial.println(val)

或者

Serial.println(val, format)

Serial.println() 函数中的参数：

(1) val：要发送的数据 (任何数据类型)。

(2) format：指定数字的数据形式或小数的位数 (用于浮点数)。

此函数返回值为：返回发送的字节数 (可丢弃该返回值)。

5. Serial.read() 函数

Serial.read() 函数可用于从设备接收到的数据中读取一个字节的数据。

此函数使用语法为：

Serial.read()，不带参数

此函数返回值为：

(1) 当设备没有接收到数据时，返回值为 −1。

(2) 当设备接收到数据时，返回值为接收到的数据流中的 1 个字符。

Serial.read() 函数程序示例如下。

```
void setup()
{
    Serial.begin(9600);
    Serial.println();
}
void loop()
{
    while (Serial.available())
    {
        char serialData = Serial.read();    // 将接收到的信息使用 read 函数读取
        Serial.println((char)serialData);
    }
}
```

6. Serial.write() 函数

Serial.write() 函数写二进制数据到串口，数据是一个字节一个字节地发送的。

此函数使用语法为：

Serial.write(val)

或者

Serial.write(str)

或者

Serial.write(buf, len)

Serial.write() 函数中的参数：

(1) val：作为单个字节发送的数据；

(2) str：由一系列字节组成的字符串；

(3) buf：同一系列字节组成的数组；

(4) len：要发送的数组的长度。

此函数返回值为：返回发送的字节数。

Serial.write() 函数示例如下。

```
void setup()
{
    Serial.begin(9600);
}
void loop()
{
    Serial.write(90);   // 收到串口数据后通过串口监视器显示该数据
}
```

3.7.2　数字 I/O 函数

1. pinMode() 函数

pinMode() 函数用于配置引脚为输出或输入模式，此函数使用语法为：

```
pinMode(pin,mode)
```

pin 参数表示要配置的引脚，其范围是 Arduino Uno 板上的数字引脚 0～13，也可以把模拟引脚 (A0～A5) 作为数字引脚使用，此时分别对应 14～19。mode 参数表示设置的 pin 参数模式，它有三种类型，分别为输出 (OUTPUT) 模式、输入 (INPUT) 模式、输入上拉 (INPUT_PULLUP) 模式 (仅支持 Arduino 1.0.1 以后版本)。

当将 Arduino 引脚设置为输入 (INPUT) 模式，Arduino 内部上拉电阻将被禁用。此时引脚为高阻抗状态 (100 MΩ)，可用于读取传感器信号或开关信号。

当将 Arduino 引脚设置为输出 (OUTPUT) 模式，引脚为低阻抗状态。这意味着 Arduino 可以向其他电路元器件提供电流。也就是说，Arduino 引脚在输出 (OUTPUT) 模式下可以点亮 LED 灯或者驱动电机 (如果被驱动的电机需要超过 40 mA 的电流，Arduino 将需要三极管或其他辅助元件来驱动它们)。

当将 Arduino 引脚设置为输入上拉 (INPUT_PULLUP) 模式，Arduino 微控制器自带内部上拉电阻。如果需要使用该内部上拉电阻，可以通过 pinMode() 将引脚设置为输入上拉 (INPUT_PULLUP) 模式。

注意：当 Arduino 引脚设置为输入 (INPUT) 模式或者输入上拉 (INPUT_PULLUP) 模式，请勿将该引脚与负压或者高于 5 V 的电压相连，否则可能会损坏 Arduino 控制器。例如，

```
pinMode(3,INPUT);   // 设置数字引脚 3 为输入模式
```

2. digitalWrite() 函数

digitalWrite() 函数的作用是设置数字引脚的状态，可以将数字引脚设置为 HIGH(高电

平) 或 LOW(低电平)。

如果该引脚通过 pinMode() 设置为输出模式 (OUTPUT)，可以通过 digitalWrite() 函数将该引脚设置为 HIGH(5 V) 或 LOW(0 V/GND)。

如果该引脚通过 pinMode() 设置为输入模式 (INPUT)，可以通过 digitalWrite() 函数将该引脚设置为 HIGH 或 LOW，这与将该引脚将被设置为输入上拉 (INPUT_PULLUP) 模式相同。

此函数使用语法为：

```
digitalWrite(pin, value)
```

digitalWrite() 函数参数：

(1) pin：引脚号码，取值范围为 0～13。

(2) value：HIGH 或 LOW。

此函数返回值为：无。

注意：数字引脚 13 由于内部串联了一个 LED 灯并焊接了一个限流电阻，所以该引脚比其他引脚更不易用来实现数字输入功能。如果将数字引脚 13 设置为输入上拉 (INPUT_PULLUP) 模式，该引脚将会悬在 1.7 V 而不是正常的高电平 5 V。如果必须使用引脚 13 作为数字输入，需要将该引脚配合外部下拉电阻使用。

digitalWrite() 函数程序示例如下。

```
int greenPin = 13;
void setup()
{
    pinMode(greenPin, OUTPUT);
}
void loop()
{
    digitalWrite(greenPin, HIGH);          // 设置引脚 13 为高电平，点亮 LED
    delay(200);
    digitalWrite(greenPin, LOW);           // 设置引脚 13 为低电平，关闭 LED
    delay(200);
}
```

3. digitalRead() 函数

digitalRead() 函数的功能为读取指定数字引脚的状态：HIGH(高电平) 或 LOW(低电平)。

此函数使用语法为：

```
digitalRead(pin)
```

此函数中的参数 pin：被读取的引脚号码，取值范围为 0～13。

此函数返回值为：HIGH 或 LOW。

digitalRead() 函数程序示例如下。

```
int ledPin = 13;
int inputPin = 3;
void setup()
```

```
{
    pinMode(ledPin, OUTPUT);
    pinMode(inputPin, INPUT_PULLUP);
}
void loop()
{
    int val = digitalRead(inputPin);   // 读取引脚 3 的输入值
    if (val== LOW)
    {
        digitalWrite(ledPin, HIGH);
    }
    else
    {
        digitalWrite(ledPin, LOW);
    }
}
```

3.7.3　模拟 I/O 函数

1. analogReference() 函数

analogReference() 函数用于配置模拟引脚的参考电压。

此函数使用语法为：

```
analogReference(type)
```

参数 type 有以下几个选项：

(1) DEFAULT：默认参考值为 5 V(在 5 V 的 Arduino 开发板上) 或者 3.3 V(在 3.3 V 的 Arduino 开发板上)。

(2) INTERNAL：内置参考值，在 ATmega 168 或者 ATmega 328 开发板上为 1.1 V；在 ATmega 8 开发板上为 2.56 V(在 Arduino Mega 开发板上不可获得)。

(3) INTERNAL1V1：内置的 1.1 V 参考值 (只在 Arduino Mega 开发板上有效)。

(4) INTERNAL2V56：内置的 2.56 V 参考值 (只在 Arduino Mega 开发板上有效)。

(5) EXTERNAL：扩展模式，在 AREF 引脚加的电压 (0～5 V) 将作为参考值。

此函数返回值：无。

注意：若不使用此函数，则默认参考电压是 5 V，并且使用 AREF 作为参考电压，需接一个 5 kΩ 的上拉电阻。

2. analogRead() 函数

analogRead() 函数用于从 Arduino 的模拟输入引脚读取数值。Arduino 控制器有多个 10 位数模转换通道，这意味着 Arduino 可以将 0～5 V 的电压输入信号映射到数值 0～1023。

换句话说，我们可以将 5 V 等分成 1024 份。0 V 的输入信号对应着数值 0，而 5 V 的输入信号对应着 1023。

例如：

当模拟输入引脚的输入电压为 2.5 V 时，该引脚的数值为 512(2.5 V/5 V = 0.5，1024 × 0.5 = 512)。

引脚的输入范围以及解析度可以使用 analogReference() 指令进行调整。

Arduino 控制器每读取一次模拟输入需要消耗 100 μs 的时间 (0.000 1 s)。控制器读取模拟输入的最大频率是 10 000 次 /s。

此函数使用语法为：

analogRead(pin)

analogRead() 中的参数 pin 为被读取的模拟引脚号码，取值范围为 Arduino 板上的 0～5 或 A0～A5 引脚。

此函数返回值：0～1023 之间的整数值。

analogRead() 函数程序示例如下。

```
int val = 0;
void setup()
{
    Serial.begin(9600);
}
void loop()
{
    val = analogRead(A0);   // 读取引脚 A0 输入信号，将 A0 输入信号转换为 0～1023 之间的数值
    Serial.println(val);
}
```

3. analogWrite() 函数

analogWrite() 函数用于将一个模拟数值写入 Arduino 引脚。Arduino 每一次对引脚执行 analogWrite() 指令，都会给该引脚一个固定频率的脉宽调制 (Pulse Width Modulation，PWM) 信号。PWM 信号的频率大约为 490 Hz，可以用来控制 LED 灯的亮度或者电机的转速，在使用 analogRead() 函数输出 PWM 信号时已自动设置引脚为输出模式，不需要使用 pinMode() 函数去预先设置引脚模式。

在 Arduino UNO 控制器中，5 号引脚和 6 号引脚的 PWM 频率为 980 Hz。在一些基于 ATmega 168 和 ATmega 328 的 Arduino 控制器中，analogWrite() 函数支持以下引脚：3、5、6、9、10、11。

在 Arduino Mega 控制器中，该函数支持引脚 2～13 和 44～46。使用 ATmega 8 的 Arduino 控制器中，该函数只支持引脚 9、10、11。

此函数使用语法为：

analogWrite(pin, value)

analogWrite() 函数中的参数：

(1) pin：被读取的模拟引脚号码。

(2) value：0～255 之间的 PWM 频率值，0 对应 off，255 对应 on。

此函数返回值：无。

analogWrite() 函数程序示例如下。

```
int ledPin = 5;
int val = 0;
void setup()
{
    pinMode(ledPin, OUTPUT);
}
void loop()
{
    val = analogRead(A0);
    analogWrite(ledPin, val/ 4);    // 将引脚 A0 读取的数值转换为 0～255 之间的 PWM 频率值，并写入
                                      引脚 5
}
```

3.7.4　高级 I/O 函数

1. noTone() 函数

noTone() 函数用来停止 tone() 函数发声。

注意：若需要使用多个 Arduino 引脚发声，那么需要在每个引脚输出声音信号前调用 noTone() 函数来停止当前的声音信号。

此函数使用语法为：

```
noTone(pin)
```

noTone() 函数中的参数 pin：停止发声引脚。

此函数返回值：无。

2. tone() 函数

tone() 函数可以产生固定频率的 PWM 信号来驱动扬声器发声。发声时间长度和声调都可以通过参数控制。定义发声时间长度有两种方法，第一种是通过 tone() 函数的参数来定义发声时长；另一种是使用 noTone() 函数来停止发声。如果在使用 tone() 函数时没有定义发声时间长度，那么除非通过 noTone() 函数来停止声音，否则 Arduino 将会一直通过 tone() 函数产生声音信号。

Arduino 一次只能产生一个声音。假如 Arduino 的某一个引脚正在通过 tone() 函数产生发声信号，那么此时让 Arduino 使用另外一个引脚通过 tone() 函数发声是不行的。

注意：

(1) 对于 Arduino Mega 以外的控制器，使用 tone() 函数时会影响引脚 3 和引脚 11 的 PWM 信号输出。

(2) 如果想要使用不同的引脚产生不同的声音音调，每一次更换发声引脚以前都要使用 noTone 函数来停止上一个引脚发声。Arduino 是不支持两个引脚同时发声的。

此函数使用语法为：

tone(pin, frequency)

或者

tone(pin, frequency, duration)

tone() 函数中的参数：

(1) pin：发声引脚 (该引脚需要连接扬声器)。

(2) frequency：发声频率 (单位：Hz)，无符号整数型。

(3) duration：发声时长 (单位：ms，此参数为可选参数)，无符号长整型。

此函数返回值：无。

tone() 函数程序示例如下。

```
void setup()
{
}
void loop()
{
    noTone(4);              // 停止 4 号引脚发声
    tone(2, 300, 100);      // 2 号引脚发声 100 ms
    delay(200);
    noTone(2);              // 停止 2 号引脚发声
    tone(3, 340, 200);      // 3 号引脚发声 200 ms
    delay(200);
    noTone(3);              // 停止 3 号引脚发声
    tone(4, 400, 300);      // 4 号引脚发声 300 ms
    delay(200);
}
```

3.7.5　时间函数

1. delay() 函数

delay() 函数的作用是暂停程序运行。暂停时间可以由 delay() 函数的参数进行控制，单位是 ms(1 s = 1000 ms)。

此函数使用语法为：

delay(ms)

delay() 函数中的参数 ms：暂停时间，该时间单位是 ms，此参数的数据类型为 unsigned long 型，可以设置为 $0\sim(2^{32}-1)$ 间的数值。

此函数返回值：无。

delay() 函数程序示例如下。

```
int ledPin = 13;
void setup()
```

```
{
    pinMode(ledPin, OUTPUT);
}
void loop()
{
    digitalWrite(ledPin, HIGH);
    delay(200);    // 延迟 0.2 s
    digitalWrite(ledPin, LOW);
    delay(200);
}
```

2. delayMicroseconds() 函数

delayMicroseconds() 与 delay() 函数都可用于暂停程序运行。不同之处在于 delayMicroseconds() 的参数单位是 μs(1 ms = 1000 μs)。

此函数使用语法为：

```
delayMicroseconds(μs)
```

delayMicroseconds() 函数中的参数 μs：暂停时间，该时间单位是 μs，此参数的数据类型为 unsigned long 型，可以设置数值范围为 $0 \sim (2^{16} - 1)$。

此函数返回值：无。

delayMicroseconds() 函数程序示例如下。

```
int ledPin = 13;
void setup()
{
    pinMode(ledPin, OUTPUT);
}
void loop()
{
    digitalWrite(ledPin, HIGH);
    delayMicroseconds(1000);    // 延迟 1000 μs
    digitalWrite(ledPin, LOW);
    delayMicroseconds(1000);
}
```

3. millis() 函数

millis() 函数可以用来获取 Arduino 开机后运行的时间长度，该时间长度的单位是 ms，但是最长只能记录 50 天左右的时间。如果超出记录时间上限，记录将从零开始。

此函数使用语法为：

```
millis()，不带参数
```

此函数返回值：Arduino 开机后运行的时间长度，此时间数值以 ms 为单位，此参数的数据类型为 unsigned long 型，可以设置数值范围为 0～(2^{32}－1)。

注意：millis 函数的返回值为无符号长整型数据，如果将该数值与整型数据或其他数据类型进行运算，运行结果将会产生错误。

millis() 函数程序示例如下。

```
unsigned long time;
void setup()
{
    Serial.begin(9600);
}
void loop()
{
    time = millis();        // 计算 Arduino 开机后运行时间
    Serial.print(time);
    Serial.println(" milliseconds.");
    delay(200);
}
```

4. micros() 函数

micros() 函数也可以用来获取 Arduino 开机后运行的时间长度，单位为 µs，最长可记录接近 70 min 的时间。如果超出记录时间上限，记录将从零开始。

此函数使用语法为：

micros()，不带参数

此函数返回值：Arduino 开机后运行的时间长度，此时间数值以 µs 为单位 (返回值类型：无符号长整型)。

注意：micros() 函数的返回值为无符号长整型数据，如果将该数值与整型数据或其他数据类型进行运算，运行结果将产生错误。

micros() 函数程序示例如下。

```
unsigned long time;
void setup()
{
    Serial.begin(9600);
}
void loop()
{
    time = micros();        // 计算 Arduino 开机后的运行时间
    Serial.println(time);
    delay(200);
}
```

3.7.6 数学函数

1. min(x, y)

min(x, y) 函数的作用是取两者之间最小值。

min(x, y) 函数中的参数：

(1) x：第一个数字 (可以是任何数据类型)；

(2) y：第二个数字 (可以是任何数据类型)。

此函数返回值：两个数字中较小的数值。

2. max(x, y)

max(x, y) 函数的作用是取两者之间的最大值。

max(x, y) 函数中的参数：

(1) x：第一个数字 (可以是任何数据类型)；

(2) y：第二个数字 (可以是任何数据类型)。

此函数返回值：两个数字中较大的数值。

3. abs(x)

abs(x) 函数的功能是求绝对值。

abs(x) 函数中的参数 x：计算绝对值的数字。

此函数返回值：数字的绝对值。

4. constrain(x, a, b)

constrain(x, a, b) 函数的功能是将一个数值限制到某一区间。

constrain(x, a, b) 函数中的参数：

(1) x：被限制到某一区间的数值 (可以是任何数据类型)；

(2) a：限制区间下限 (可以是任何数据类型)；

(3) b：限制区间上限 (可以是任何数据类型)。

此函数返回值：

(1) x：如果 x 介于 a 与 b 之间，则返回 x；

(2) a：如果 x 小于限制区间下限 a，则返回 a；

(3) b：如果 x 大于限制区间上限 b，则返回 b。

5. map(x)

map(x) 函数可以用来将某一数值从一个区间等比映射到一个新的区间。

此函数使用语法为：

```
map (x, in_min, in_max, out_min, out_max)
```

map(x) 函数中的参数：

(1) x：要映射的值；

(2) in_min：映射前区间最小值；

(3) in_max：映射前区间最大值；

(4) out_min：映射后区间最小值；

(5) out_max：映射后区间最大值。

map(x) 函数程序示例如下。

```
void setup()
{
}
void loop()
{
    int val = analogRead(0);
    val = map(val, 0, 1023, 0, 255);    // 将变量 val 数值从 0～1023 区间映射到 0～255 区间
    analogWrite(7, val);
}
```

6. sqrt(x)

sqrt() 函数的功能是开方运算。

sqrt() 函数中的参数 x：被开方数。

此函数返回值：平方根。

7. sin(rad)

sin(rad) 函数称为正弦函数，用于计算角度的正弦值。

sin(rad) 函数中的参数 rad：角度 (浮点型数据)。

此函数返回值：角度的正弦值。

8. cos(rad)

cos(rad) 函数称为余弦函数，用于计算角度的余弦值。

cos(rad) 函数中的参数 rad：角度 (浮点型数据)。

此函数返回值：角度的余弦值。

9. tan(rad)

tan(rad) 函数称为正切函数，用于计算角度的正切值。

tan(rad) 函数中的参数 rad：角度 (浮点型数据)。

此函数返回值：角度的正切值。

10. random()

random() 函数用于产生随机数。

此函数使用语法为：

```
random(min, max)
```

random() 函数中的参数：

(1) min：产生随机数的下限 (包含此数值)；

(2) max：产生随机数的上限 (不包含此数值)。

此函数返回值为：在最小值 (min) 和最大值减一 (max − 1) 之间的随机数值，为 long 型。

注意： 单独使用 random() 函数。每次程序运行所产生的随机数都是同一系列数值，并非真实的随机数，而是所谓的伪随机数。如果希望每次程序运行时产生不同的随机数，那么应配合使用 randomSeed() 函数。

random() 函数程序示例如下。

```
long x;
void setup()
{
    Serial.begin(9600);
}
void loop()
{
    x = random(0, 50);    // 产生 0～50 以内的随机整数
    Serial.println(x);
    delay(100);
}
```

11. randomSeed()

randomSeed() 函数用于产生随机种子。单独使用 random() 函数所产生的随机数，在每次程序重新启动后，总是重复同一组随机数。而 randomSeed() 函数在程序在重新启动后产生的随机数与上一次程序运行时的随机数不相同。

在实际应用时，可以通过调用 analogRead() 函数读取一个空引脚，作为随机种子数值。

此函数使用语法为：

```
randomSeed(seedVal)
```

randomSeed() 函数中的参数 seedVal：随机种子数值。

randomSeed() 函数程序示例如下。

```
long x;
void setup()
{
    Serial.begin(9600);
    randomSeed(analogRead(A0));
}
void loop()
{
    x = random(100);
    Serial.println(x);
    delay(100);
}
```

3.7.7　外部中断函数

1. attachInterrupt()

attachInterrupt() 函数用于为 Arduino 开发板设置和执行 ISR(中断服务程序)。

ISR 中断 Arduino 当前正在处理的事情而优先去执行中断服务程序。当中断服务程序执行完以后，再回来继续执行刚才中断的程序。

我们可以使用 attachInterrupt() 函数，利用 Arduino 的引脚触发中断程序。Arduino 控制板支持的中断引脚如表 3-7 所示。

表 3-7　中　断　引　脚

Arduino 控制板	支持中断的引脚
Uno, Nano, Mini	2，3
Mega, Mega2560, MegaADK	2，3，18，19，20，21
Micro, Leonardo	0，1，2，3，7
Zero	除 4 号引脚以外的所有数字引脚
MKR1000 Rev.1	0，1，4，5，6，7，8，9，A1，A2
Due	所有数字引脚

注意：

(1) 在中断服务程序中，不能使用 delay() 函数和 millis() 函数，因为它们无法在中断服务程序中正常工作。但 delayMicroseconds() 可以在中断服务程序中正常工作。

(2) 中断服务程序应尽量保持简单短小，否则可能会影响 Arduino 工作。

(3) 中断服务程序中涉及的变量应声明为 volatile 类型。

(4) 中断服务程序不能返回任何数值，所以应尽量在中断服务程序中使用全局变量。

此函数使用语法为：

```
attachInterrupt(digitalPinToInterrupt(pin), function, mode);
```

attachInterrupt() 函数中的参数：

(1) pin：中断引脚号；

(2) function：ISR 中断服务程序名；

(3) mode：中断模式。

其中，中断模式有以下四种类型：

(1) LOW：当引脚为低电平时触发中断服务程序；

(2) CHANGE：当引脚电平发生变化时触发中断服务程序；

(3) RISING：当引脚电平由低电平变为高电平时触发中断服务程序；

(4) FALLING：当引脚电平由高电平变为低电平时触发中断服务程序。

此函数返回值：无。

attachInterrupt() 函数程序示例如下。

```
const int LED = 13;
```

```
const int interrupt= 3;
volatile int state = LOW;
void setup()
{
    pinMode(LED, OUTPUT);
    pinMode(interrupt, INPUT_PULLUP);
    attachInterrupt(digitalPinToInterrupt(interrupt), blink, CHANGE);
}
void loop()
{
    digitalWrite(LED, state);
}
void blink()
{
    state = !state;
}
```

2. detachInterrupt()

detachInterrupt() 函数可用于取消中断。

此函数使用语法为：

```
detachInterrupt(digitalPinToInterrupt(pin));
```

detachInterrupt() 函数中的参数 pin：中断引脚号。

关于如何具体设置中断服务程序，请参阅 attachInterrupt() 函数。

本 章 小 结

本章主要讲解 Arduino 语言基础，该语言建立在 C/C++ 基础上，但其实用性要远高于 C 语言。Arduino 的编程语言更为简单和人性化，能够将一些常用语句实现组合函数化。Arduino 的语言主要包括标识符、关键字、Arduino 语言运算符、Arduino 语言控制语句、Arduino 语言基本结构。通过本章的学习，用户可以对 Arduino 有更深入的了解。

练 习 与 思 考

1. Arduino 标识符由什么组成？第一个字母必须是什么？
2. Arduino 的注释方式有哪些？

3. Arduino 数据类型有哪些？

4. Arduino 变量可以分为哪几类？

5. 什么是常量？

6. Arduino 常见的运算符有哪些？

7. Arduino 常见的关系运算符有哪些？

8. while 语句与 do...while 语句的区别是什么？

9. 如果想在多个引脚上产生不同的声音，在使用 tone() 函数时应注意什么？

第4章

短距离无线通信技术

物联网 (Internet of Things，IoT) 是融合传感器、通信、嵌入式系统、网络等多个技术领域的新兴产业，是继计算机、互联网和移动通信之后信息产业的又一次革命性发展。物联网旨在达成设备间的相互联通，实现局域网范围内的物品智能化识别和管理。其中，通信技术是物联网系统中的核心和关键技术。

本章将对物联网中常用的通信技术进行简要介绍，以帮助读者了解本课程所学知识应用的通信技术基础。

4.1 短距离无线通信技术概述

初识物联网

4.1.1 物联网的起源与发展

1995 年，比尔盖茨在《未来之路》一书提及了物联网的概念，只是当时受限于无线网络、硬件及传感设备的发展，并未引起世人的重视。

在我国，物联网作为重点产业打造，"十三五规划"中明确提出"要积极推进云计算和物联网发展，推进物联网感知设施规划布局，发展物联网开环应用"。随着物联网应用示范项目的大力开展，"中国制造 2025""互联网 +"等国家战略的推进，以及云计算、大数据等技术和市场的驱动，激发了我国物联网市场的需求。据预测，2035 年前后我国的传感网终端将达到数千亿个；到 2050 年传感器在生活中将无处不在。物联网关键发展历程如图 4.1 所示。

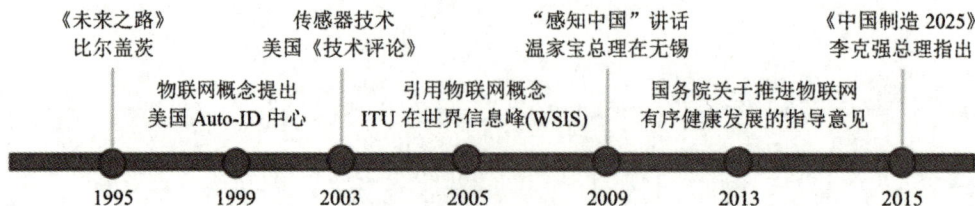

图 4.1　物联网发展历程

纵观物联网的发展史，物联网技术也是由最初的互联网、RFID 技术、EPC 标准等转变为包含传感网、GPS 等数据通信技术和人工智能、纳米技术等为实现全世界人与物、物与物实时通信的应用技术。目前，在现实生活中，物联网的具体应用已不再陌生，如远程防盗、高速公路不停车收费 (ETC)、智能图书馆、远程电力抄表等。物联网为我们构建了一个十分美好的蓝图。可以想象，在不远的未来，人们可以通过物物相联的庞大网络实现智能交通、智能安防、智能监控、智能物流，以及家庭电器的智能化控制。

4.1.2　物联网的概念

进入 21 世纪以来，随着传感设备、嵌入式系统与互联网的普及，物联网被认为是继计算机、互联网之后的第三次信息革命浪潮。物联网已经在全世界得到了极大的重视，主要的工业化国家纷纷提出了各自的物联网发展战略。物联网目前还没有被业界广泛接受的定义，各个地区或组织对于物联网都有自己的定义。

物联网的发展
与未来

国际电信联盟 (ITU) 发布的《ITU 互联网报告 2005：物联网》，对物联网的定义为：通过二维码识读设备、射频识别 (Radio Frequency Identification，RFID) 装置、红外感应器、全球定位系统和激光扫描器等信息传感设备，按约定的协议，把任何物品与互联网相连接，进行信息交换和通信，以实现智能化识别、定位、跟踪、监控和管理的一种网络。

2009 年 1 月，美国总统奥巴马与美国工商业领袖举行了一次"圆桌会议"，IBM 首席执行官彭明盛首次提出了"智慧地球"这一概念。智慧地球，就是把感应器嵌入和配置到电网、铁路、桥梁、隧道、公路、建筑、供水系统、大坝、油气管道等各种物体中，并且被普遍连接，形成物联网。

2009 年 9 月，在北京举办的"物联网与企业环境中欧研讨会"上，欧盟委员会信息和社会媒体公司 RFID 部门负责人 Lorent Ferderix 博士给出了欧盟对物联网的定义：物联网是一个动态的全球网络基础设施，它具有基于标准和互操作通信协议的自组织能力，其中物理的和虚拟的"物"具有身份标识、物理属性、虚拟特性和智能接口，并与信息网络无缝整合。物联网将与媒体互联网、服务互联网和企业互联网共同构成未来的互联网。

目前，对物联网有一个为业界基本接受的定义：将射频识别、红外感应器、条码与二维码、全球定位系统、激光扫描器等各种信息传感设备及系统，和其他基于物物通信模式的短距离无线传感器网络，按照约定的协议，把任何物体通过各种接入网与互联网连接起来，进而可以进行信息交换、传递和通信，以实现对物体的智能化识别、定位、跟踪、监控和管理的一个巨大的智能网络。

上述定义同时说明了物联网的技术组成和联网的目的。如果说互联网可以实现人与人之间的通信，那么物联网则可以实现人与物、物与物之间的连通。按照这一定义，物联网的概念模型如图 4.2 所示。

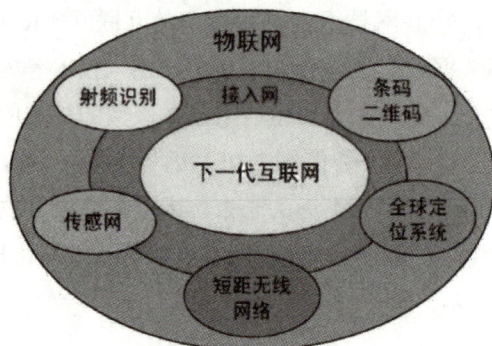

图 4.2　物联网概念模型

4.1.3　物联网的体系结构

物联网的体系架构

通常根据信息生成、传输、处理和应用的过程，可以把物联网系统从结构上分为四层：感知层、网络层、支撑层、应用层，如图 4.3 所示。

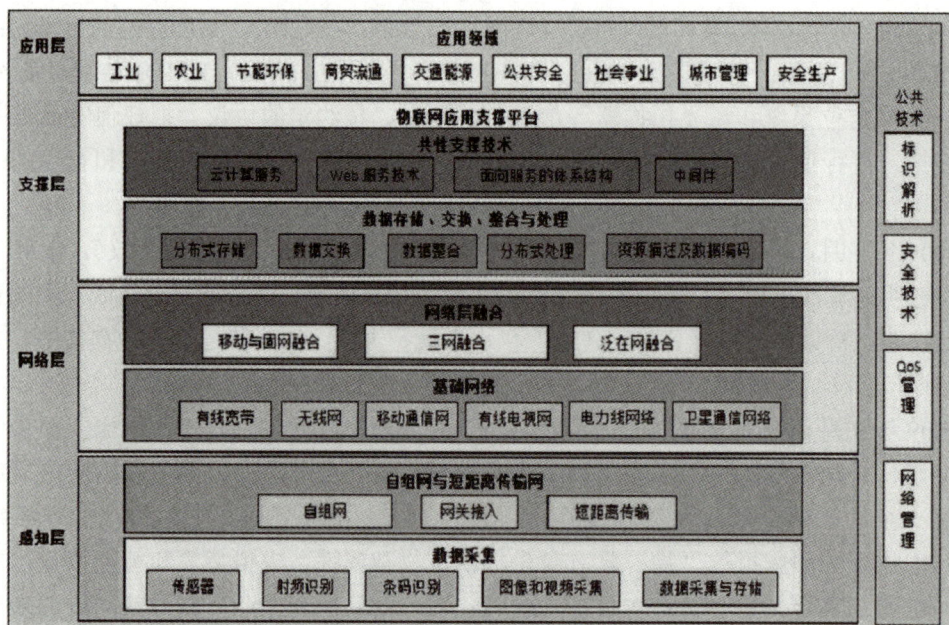

图 4.3　物联网体系架构

1. 感知层

感知层主要由各种传感器以及传感网网关组成，包括温度感应器、声音感应器、图像采集卡、震动感应器、压力感应器、RFID 读写器、二维码识读器等感知终端。感知层就相当于人的眼耳鼻喉和皮肤等神经末梢，是物联网采集物理世界中发生的物理事件和数据的来源，主要为了达到全面感知的目的。

2. 网络层

网络层又称为传输层，主要由各种私有网络、现有互联网 (IPv4/IPv6 网络)、移动通

信网 (如 GSM、TD-SCDMA、WCDMA、CDMA、无线接入网、无线局域网等)，卫星通信网，短距离无线传输技术 (如 ZigBee、Wi-Fi 技术、蓝牙) 等基础网络设施组成，相当于人的神经中枢，负责对来自感知层的信息进行接入和传输。

3. 支撑层

支撑层主要由大型计算机群、海量网络存储设备、云计算设备等组成，在这一层上需要采用高性能计算技术及大规模的高速并行计算机群，对获取的海量信息进行实时控制和管理，以便实现智能化信息处理、信息融合、数据挖掘、态势分析、预测计算、地理信息系统计算，以及海量数据存储等，同时为上层应用提供一个良好的用户接口。

4. 应用层

应用层中包括各类用户界面显示设备以及其他管理设备等，这也是物联网系统结构的最高层。应用层根据用户的需求可以面向各类行业实际应用的管理平台和运行平台，并根据各种应用的特点集成相关的内容服务，如智能交通系统、智慧校园系统、智慧农业系统、智能工业系统、环境监测系统和远程医疗系统等。应用层的主要功能是把感知和传输的信息进行分析和处理，做出正确的控制和决策，实现智能化的管理、应用和服务。

4.1.4　短距离无线通信技术概览

无论是感知层还是传输层，物联网的关键技术常常涉及短距离无线通信技术。短距离无线通信技术的范围很广，在一般意义上，只要通信收发双方通过无线电波传输信息，并且传输距离在较短的范围 (通常是几十米) 内，就可以称为短 (近) 距离无线通信。短距离无线通信技术以其丰富的技术种类和优越的技术特点，满足了物物互联的应用需求，逐渐成为物联网架构体系的主要支撑技术。同时，物联网的发展也为短距离无线通信技术的发展提供了丰富的应用场景，极大地促进了短距离无线通信技术与行业应用的融合。

短距离无线通信中，各项技术及性能指标有所不同，但也有一些共同点。

(1) 低成本。低成本是短距离无线通信的客观要求，因为各种通信终端的产销量都很大，要提供终端间的直通能力，没有足够低的成本较难推广。

(2) 低功耗。由于短距离无线应用的便携性和移动特性，低功耗是基本要求。另一方面，多种短距离无线应用可能处于同一环境之下，如 WLAN 和微波 RFID，在满足服务质量的要求下，要求有更低的输出功率，避免造成相互干扰。

(3) 对等通信。对等通信是短距离无线通信的重要特征，是有别于基于网络基础设施的无线通信技术的一大特性。终端之间的对等通信不需要网络设备进行中转，使得空中接口设计和高层协议都相对比较简单，无线资源的管理通常采用竞争的方式 (如载波侦听)。

(4) 使用 ISM(Industrial Scientific Medical，工业、科学和医疗) 频段。考虑到产品和协议的通用性及民用特性，短距离无线技术基本上使用免许可证 ISM 频段。

按数据传输速率分，短距离无线通信技术一般分为高速短距离无线通信技术和低速短距离无线通信技术两大类。本章节主要介绍低速短距离无线通信技术。低速短距离无线通信的最低数据速率小于 1 Mb/s，通信距离小于 100 m，典型技术有 ZigBee、蓝牙 (Bluetooth)、802.11(Wi-Fi)、RFID、红外 (IrDA) 等。

4.1.5 物联网的应用领域

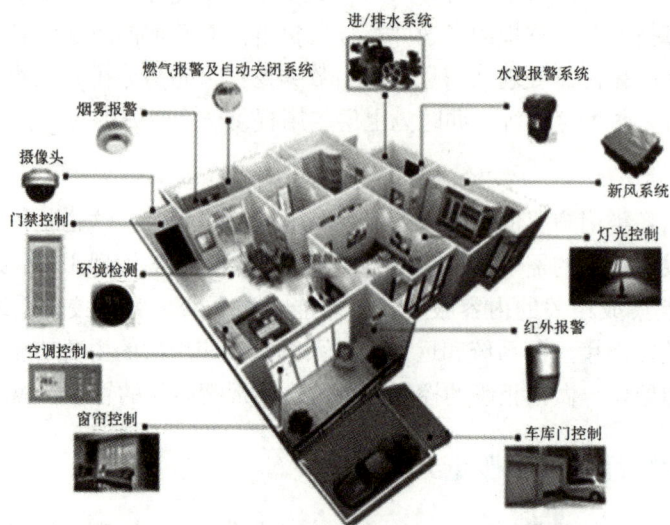

随着物联网技术的发展与成熟，物联网技术在很多行业中取得了应用，如智能家居、智能医疗、智慧能源、智能交通、智慧物流、智能制造、智慧农业、智能零售、智能安防等各大领域，如图 4.4～图 4.9 所示。

物联网的应用领域

图 4.4　智能家居

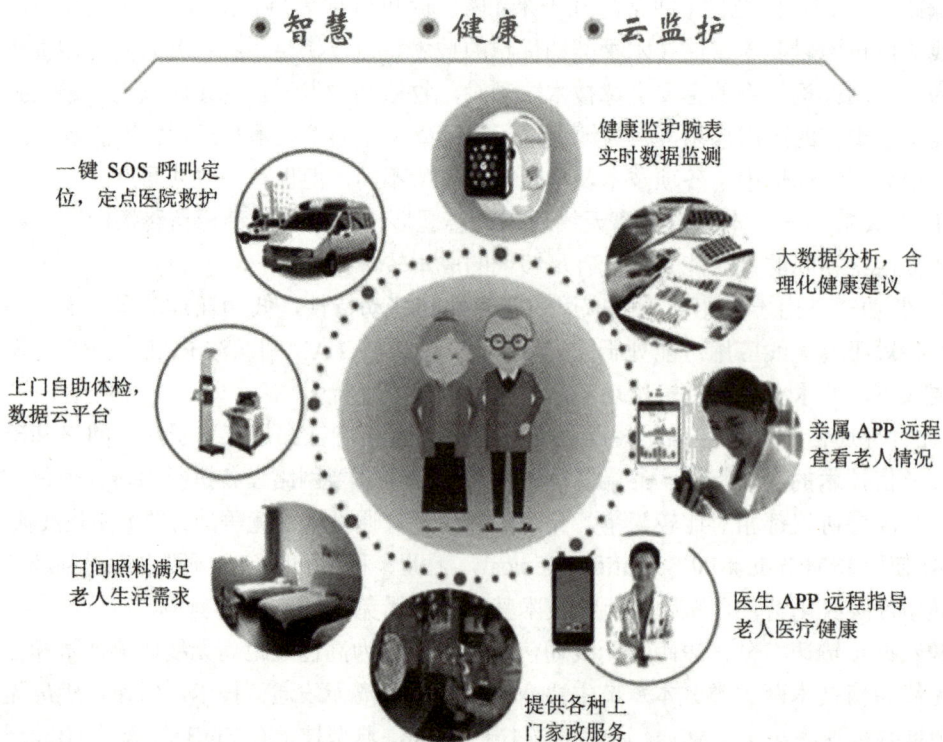

图 4.5　智能医疗

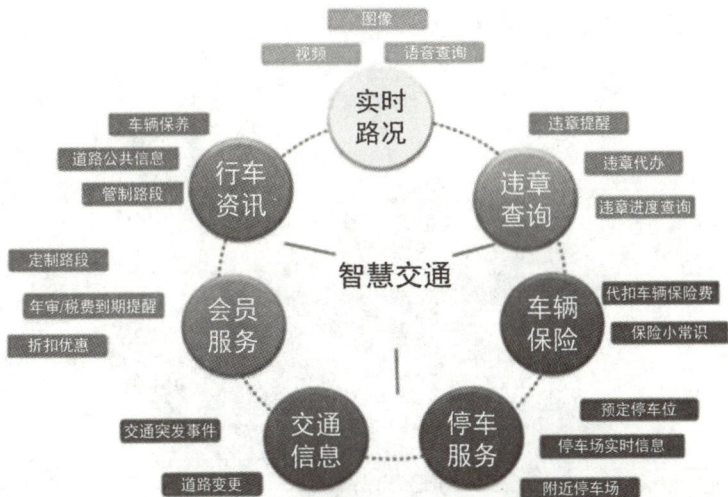

图 4.6　智能交通

图 4.7　智慧物流

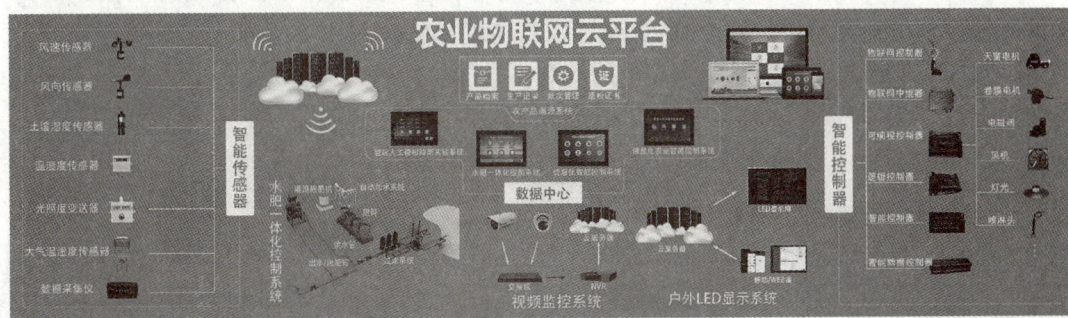

图 4.8　智慧农业

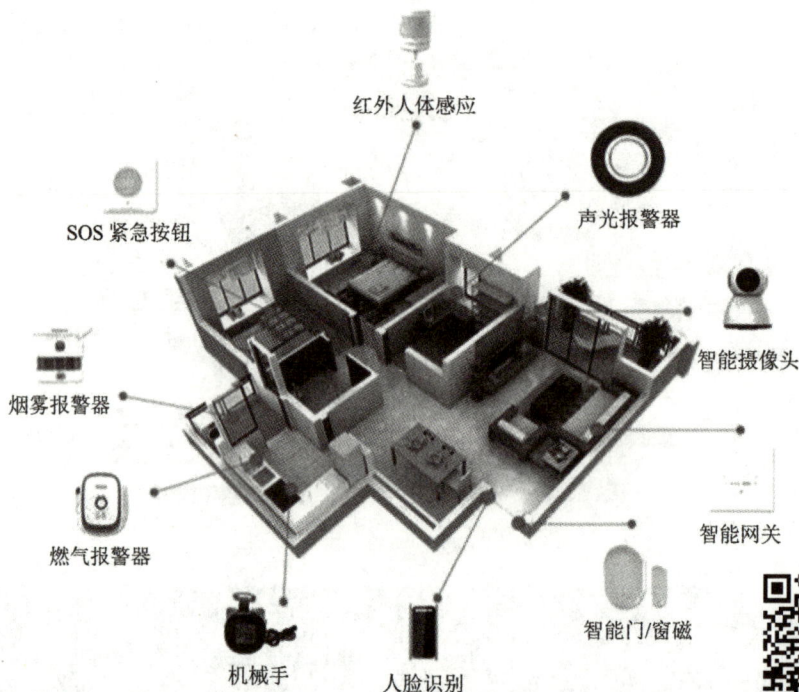

SOS 紧急按钮

红外人体感应

声光报警器

智能摄像头

烟雾报警器

智能网关

燃气报警器

机械手　　人脸识别

智能门/窗磁

图 4.9　智能安防

蓝牙 1

蓝牙 2

4.2　蓝牙通信技术

蓝牙 (Bluetooth) 是一种无线数据和语音通信开放的全球规范，它是基于低成本的近距离无线连接规范，可用于为固定和移动设备建立近距离通信。

蓝牙技术使用高速跳频 (Frequency Hopping，FH) 和时分多址 (Time Division Multiple Access，TDMA) 等先进技术，可在近距离内将几台数字化设备 (各种移动设备、固定通信设备、计算机及其终端设备、各种数字数据系统，如数字照相机、数字摄像机等，甚至各种家用电器、自动化设备) 连接起来。蓝牙技术消除了设备之间的连线，以无线连接取而代之。通过芯片上的无线接收器，配有蓝牙技术的电子产品能够在 10 m 左右的距离内彼此相通，传输速度可以达到 1 Mb/s。以往红外线接口的传输技术需要电子装置在视线之内，而现在有蓝牙技术，可以免除这样的麻烦。

蓝牙这个标志的设计取自 Harald Blatand 国王名字中的 H 和 B 两个字母，用古北欧字母来表示，并将这两者结合起来，就组成了蓝牙的 Logo，如图 4.10 所示。

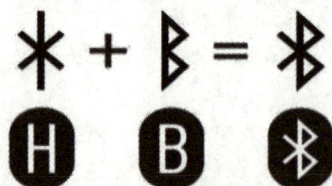

图 4.10　蓝牙标志

4.2.1　蓝牙技术的发展

蓝牙技术自诞生发展至今，经历了 V1.0、V1.1、V1.2、V2.0、V2.1、V3.0、V4.0、V4.1、

V4.2、V5.0、V5.1、V5.2、V5.3、V5.4 共 14 个版本，大致发展历程如表 4-1 所示。

表 4-1　蓝牙发展历程

时　间	事　件
1999 年	发布蓝牙 1.0 版本
2001 年	发布蓝牙 1.1 版本
2003 年	发布蓝牙 1.2 版本
2004 年	发布蓝牙 2.0 版本
2007 年	发布蓝牙 2.1 版本
2009 年	发布蓝牙 3.0 版本
2010 年	发布蓝牙 4.0 版本
2013 年	发布蓝牙 4.1 版本
2014 年	发布蓝牙 4.2 版本
2016 年	发布蓝牙 5.0 版本
2019 年	发布蓝牙 5.1 版本
2020 年	发布蓝牙 5.2 版本
2021 年	发布蓝牙 5.3 版本
2023 年	发布蓝牙 5.4 版本

4.2.2　蓝牙技术协议的体系结构

蓝牙技术协议由 SIG(蓝牙技术联盟) 制定，属于一种在通用无线传输模块和数据通信协议基础上开发的交互服务和应用。蓝牙技术协议的目的是使符合该规范的各种应用之间能够互通，因此必须要求本地设备与远端设备使用相同的协议。蓝牙技术协议的体系结构是一个分层的结构，它定义了蓝牙设备之间进行通信所需的协议和接口，旨在支持短距离无线通信。其设计采用模块化和分层思想，确保灵活性和广泛的应用兼容性。

不同的应用可以在不同的协议栈 (Protocol Stack) 上运行，并且不是任何应用都必须使用全部协议。其中，协议栈是指一组分层设计的通信协议，这些协议按照特定顺序堆叠，协同工作以实现完整的通信功能。每一层协议负责不同的任务，并通过标准化的接口与上下层交互，最终完成从物理信号传输到应用数据处理的端到端通信。协议栈的核心思想是分层解耦和模块化协作。但是，所有的协议栈都要使用蓝牙技术规范中的数据链路层 (Data Link Layer) 和物理层 (Physical Layer)。其中数据链路层负责蓝牙设备之间的链路建立、维护和拆除，以及数据包的传输。物理层是蓝牙技术协议体系结构的最底层，负责无线信号的发送和接收。

完整的蓝牙协议栈如图 4.11 所示，该图显示了数据经过无线传输时，协议栈中各个协议之间的相互关系。

蓝牙协议体系中的协议由 SIG 分为 4 层。

蓝牙核心协议：Baseband、LMP、L2CAP、SDP。

电缆替换协议：RFCOMM。

电话传送控制协议：TCS Binary(TCS BIN)、AT Commands。

选用协议：PPP、UDP/TCP/IP、OBEX、vCard、vCal、IrMC、WAE。

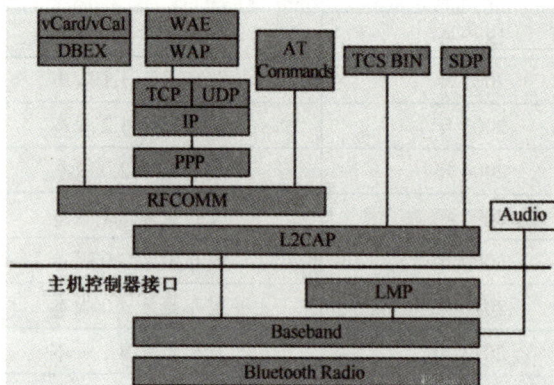

图 4.11　蓝牙协议栈

除上述协议层外，蓝牙规范还定义了主机控制器接口 (Host Controller Interface，HCI)，它为基带控制器、连接管理器提供命令接口，并且可通过它访问硬件状态和控制寄存器。

1. 基带协议

基带就是蓝牙的物理层，在蓝牙协议栈中位于蓝牙射频之上，基带协议 (Baseband) 负责管理物理信道和链路中除了错误纠正、数据处理、调频选择和蓝牙安全之外的所有业务。

基带协议主要有以下作用：

(1) 链路控制和链路管理，如承载链路连接和功率控制这类链路级路由等。基带可以处理两种类型的链路：SCO(同步连接) 和 ACL(异步无连接) 链路。

(2) 管理异步和同步链路、处理数据包、寻呼、查询接入和查询蓝牙设备等。基带收发器采用时分复用 TDD 方案 (交替发送和接收)，因此除了不同的跳频之外 (频分)，时间都被划分为时隙。

2. 链路管理协议

链路管理协议 (LMP) 和逻辑链路控制与适应协议 (L2CAP) 都是蓝牙的核心协议，L2CAP 与 LMP 共同实现 OSI 数据链路层的功能。LMP 负责蓝牙设备之间的链路建立，包括鉴权、加密等安全技术及基带层分组大小的控制和协商，它还控制无线设备的功率以及蓝牙节点的连接状态。

链路管理协议有以下关键作用：

(1) 链路管理协议负责蓝牙组件间连接的建立和断开。

(2) 通过监控信道特性、支持测试模式和出错处理来维护信道。

(3) 通过连接的发起、交换、核实，进行身份鉴权和加密等安全方面的任务，包括链接字 (用于身份鉴权) 的创建、改变、匹配检验；协商加密模式、加密字长度；加密的开始和停止等。

(4) 控制微微网内及微微网之间蓝牙组件的时钟补偿和计时精度。

(5) 控制微微网内蓝牙组件的工作模式。

(6) 其他功能，包括支持对链路管理器协议版本信息的请求、请求命名、主从角色切换等。

3. 逻辑链路控制和适配协议

逻辑链路控制和适配协议 (L2CAP) 位于基带层之上，向上层协议提供服务，可以认为它与 LMP 并行工作，L2CAP 在高层和基带层之间作适配协议，它与 LMP 是并列的，区别在于 L2CAP 向高层提供负载的传送，而 LMP 不能，LMP 不负责业务数据的传递。

L2CAP 向上层提供面向连接的和无连接的数据服务，它采用了多路技术、分割和重组技术、群提取技术。虽然基带协议提供了 SCO 和 ACL 两种连接类型，但 L2CAP 只支持 ACL 连接，不支持 SCO 连接。

L2CAP 有以下关键作用：

(1) 协议复用。

(2) 信道的连接、配置、打开和关闭。

(3) 分段与重组。

(4) 服务质量 (QoS)。

(5) 组管理。

4. 服务发现协议

服务发现协议 (SDP) 是一个基于客户 / 服务器结构的协议，是为实现蓝牙设备之间相互查询及访问对方提供的服务，是蓝牙框架的一个重要组成成分。使用 SDP，可以查询到设备信息、服务和服务类型，从而在蓝牙设备间建立相应的连接。

5. 电缆替换协议

电缆替换协议 (RFCOMM) 是基于 ETSI07.10 规范的串口仿真协议。电缆替换协议在蓝牙基带上仿真 RS-232 控制和数据信号，为使用串行线传送机制的上层协议 (如 OBEX) 提供服务。

6. 电话传送控制协议

(1) 二元电话控制协议 (TCS Binary 或 TCS BIN)。二元电话控制协议是面向比特的协议，它定义了蓝牙设备间建立语音和数据呼叫的呼叫控制信令。此外，还定义了处理蓝牙 TCS 设备群的移动管理进程。基于 ITU-T 推荐书 Q.931 建议的 TCS Binary 被定义为蓝牙的二元电话控制协议规范。

(2) 电话控制协议——AT 命令集 (AT Commands)。蓝牙 SIG 根据 ITU-TV250 建议和 GSM07.07 定义了在多使用模式下控制移动电话和调制 / 解调器的 AT 命令集 (可用于传真业务)。

7. 选用协议

(1) 点对点协议 (PPP)。在蓝牙协议栈中，PPP 位于 RFCOMM 上层，完成点对点的连接。

(2) TCP/UDP/IP。TCP/UDP/IP 协议是由 IEEE 制定的、广泛应用于互联网通信的协议，在蓝牙设备中使用这些协议是为了与互联网相连接的设备进行通信。蓝牙设备均可以作为访问 Internet 的桥梁。

(3) 对象交换协议 (OBEX)。对象交换协议支持设备间的数据交换，采用客户 / 服务器模式提供与 HTTP(超文本传输协议) 相同的基本功能。该协议作为一个开放性标准还定义了可用于交换的电子商务卡、个人日程表、消息和便条等格式。

(4) 无线应用协议 (WAP)。无线应用协议是由无线应用协议论坛制定的，它融合了各种广域无线网络技术，其目的是将互联网的内容及电话业务传送到数字蜂窝电话和其他无线终端上。

(5) 无线应用环境 (WAE)。无线应用环境提供用于 WAP 电话和个人数字助理 PDA 所需的各种应用软件。

8. 主机控制器接口

主机控制器接口是蓝牙模块和主机间软件和硬件之间的接口，提供了直接控制蓝牙模块的方法和途径，为基带控制器、连接管理器、命令管理、控制和事件管理寄存器等提供接口。

4.2.3　蓝牙技术的组网

蓝牙系统采用一种灵活的 Ad-hoc 组网方式，一个蓝牙设备可同时与 7 个其他的蓝牙设备相连接。蓝牙技术支持点对点和点对多点无线通信。最基本的蓝牙网络是微微网 (Piconet)，两个蓝牙设备的点对点连接是微微网的最简单组成形式。微微网不需要类似于蜂窝网基站和无线局域网接入点之类的基础网络设施，是实现蓝牙无线通信的最基本方式。在任意一个有效通信范围内，网中所有蓝牙设备的地位都是平等的。

在微微网中，首先提出通信要求的设备称为主设备，被动回应的设备称为从设备。主设备单元负责提供时钟同步信号和调频序列，而从设备单元一般是受控同步的设备单元，接受主设备单元的控制。在同一微微网中，所有设备单元均采用同一调频序列。一个微微网中，一般只有一个主设备单元，而从设备单元目前最多可以有 7 个，如图 4.12 所示。

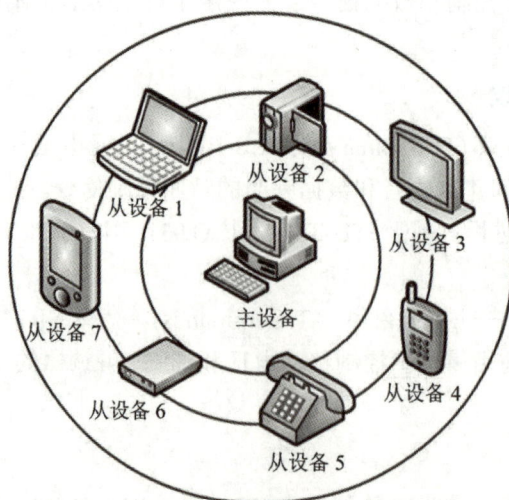

图 4.12　蓝牙微微网

当主设备单元为一个，从设备单元也是一个时，这种操作方式是单从方式；当主设备单元是一个，从设备单元是多个时，这种操作方式是多从方式。例如，办公室的 PC 可以是一个主设备单元，而无线键盘、无线鼠标和无线打印机可以充当从设备单元的角色。

散射网 (Scatternet) 是多个微微网在时空上相互重叠形成的比微微网覆盖范围更大的蓝牙网络，其特点是微微网间还有互联的蓝牙设备，如图 4.13 所示。

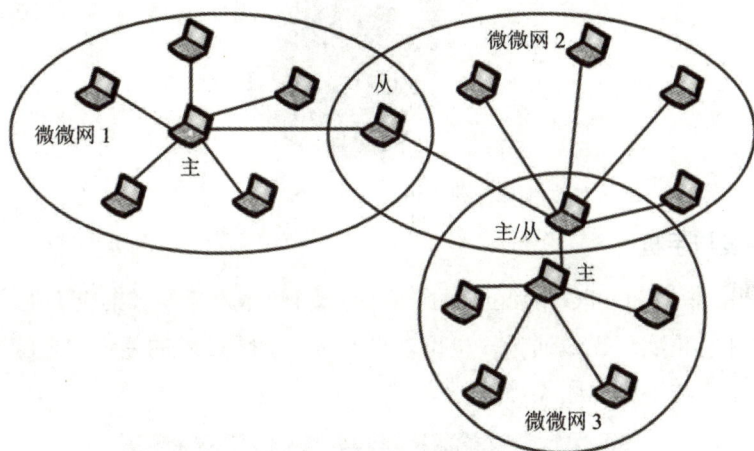

图 4.13　蓝牙散射网

相邻或相近的不同的微微网采用不同的调频序列以避免干扰。一个微微网中的主设备单元同时也可以作为另一个微微网中的从设备单元，我们把这种设备单元叫作复合设备单元。对于多个微微网，在 10 个满负荷、独立的微微网结构中，全双工速率不会超过 6 Mb/s。这是因为系统需要同步，处理同步信号有一定的开销，使得数据传输量降低 10%，故而使数据传输速率有所降低。

4.2.4　蓝牙技术的特点与应用领域

蓝牙几乎可以被集成到任何数字设备之中，特别是那些对数据传输速率要求不高的移动设备和便携设备。蓝牙技术的特点主要有以下几点：

(1) 全球范围适用。蓝牙工作在 2.4 GHz 的 ISM 频段，全球大多数国家 ISM 频段的范围是 2.4～2.4835 GHz，使用该频段无须向各国的无线电资源管理部门申请许可证。

(2) 可同时传输语音和数据。

(3) 公开与共享。

(4) 传输距离较短。

(5) 无线性。

(6) 抗干扰能力强。

(7) 具有很小的体积，以便集成到各种设备中。

(8) 微小的功耗。

蓝牙不仅可以应用于家庭网络、小范围办公，而且对个人数据通信也是非常重要的。目前 SIG 已经认证了数百种蓝牙产品，涉及耳机、手表、手机、电脑、打印机等许多应用领域。

1. 蓝牙耳机

蓝牙耳机是最早应用于市场的产品之一，它可以和内嵌蓝牙技术的手机、PDA 等设备进行语音通信。某蓝牙耳机实物图如图 4.14 所示。

图 4.14　蓝牙耳机

2. 蓝牙手表与手机

目前，苹果、华为、OPPO 等都推出了各自的蓝牙手表与手机，集成了蓝牙技术的手表、手机可以和蓝牙耳机实现无线通话，也可以帮助带有蓝牙技术的笔记本电脑实现无线拨号上网。某蓝牙手表与手机如图 4.15 所示。

图 4.15　蓝牙手表与手机

3. 蓝牙 USB 适配器

蓝牙 USB 适配器可以插入带有 USB 接口的设备，实现与其他蓝牙设备间的无线通信。它们可以用于 PC 或笔记本电脑，实现蓝牙设备间文件等信息的相互交换。某蓝牙 USB 适配器如图 4.16 所示。

图 4.16　蓝牙 USB 适配器

4. 蓝牙打印机

蓝牙打印机也是蓝牙技术的一大应用领域，可以免除以往在打印前需要连线的烦恼，甚至可以使用另一个房间的蓝牙打印机进行打印。某蓝牙打印机如图 4.17 所示。

图 4.17　蓝牙打印机

4.3　ZigBee 通信技术

ZigBee

蜜蜂在发现花丛后会通过一种特殊的肢体语言来告知同伴新发现的食物源位置等信息，这种肢体语言就是 ZigZag 形舞蹈，它是蜜蜂之间一种简单传达信息的方式。在通信技术领域，借此意义用 ZigBee 来命名新一代无线通信技术，ZigBee 技术的标志性图标如图 4.18 所示。

图 4.18　ZigBee 图标

ZigBee 与蓝牙相类似，是一种短距离无线通信技术，用于传感控制应用 (Sensor and Control)。ZigBee 基于 IEEE 802.15.4 标准的低功耗局域网协议，是一种近距离、低复杂度、低功耗、低速率、低成本的双向无线通信技术。

4.3.1　ZigBee 技术的发展

ZigBee 是以 IEEE 802.15.4 标准为基础发展起来的无线通信技术，ZigBee 的大致发展历程如表 4-2 所示。

表 4-2　ZigBee 发展历程

时　　间	事　　件
2000 年 12 月	成立工作小组，制定 IEEE 802.15.4 标准
2001 年 8 月	ZigBee 联盟成立
2004 年 12 月	ZigBee 1.0 标准敲定
2005 年 9 月	公布 ZigBee 1.0 标准并提供下载
2006 年 12 月	进行标准修订，推出 ZigBee 1.1 版
2007 年 10 月	ZigBee 标准完成再次修订
2009 年 3 月	ZigBee RF4CE 推出，具备更强的灵活性和远程控制能力

4.3.2　ZigBee 技术协议的体系结构

ZigBee 协议栈是基于标准的开放式系统互联参考模型设计的，由四个层次组成，分别是物理层、媒体介质访问层、网络层、应用层，其中物理层和媒体介质访问层由 IEEE 802.15.4 标准定义，网络层和应用层标准由 ZigBee 联盟制定。完整的 ZigBee 协议栈模型如图 4.19 所示。

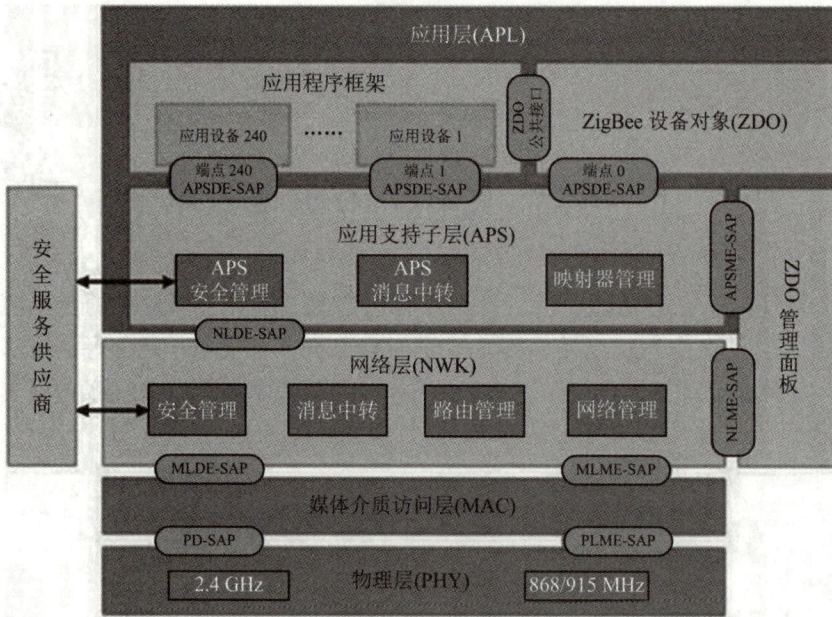

图 4.19　ZigBee 协议栈

1. 物理层

IEEE 802.15.4 提供了图 4.20 所示的两种物理层 (PHY) 的选择 (868/915 MHz 和 2.4 GHz)，这两种物理层都采用直接序列扩频 (DSSS) 技术，并且都使用相同的帧结构，以便低作业周期、低功耗的运作。

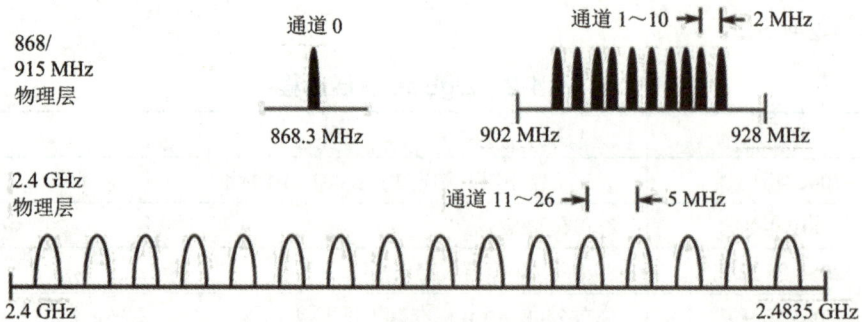

图 4.20　两种不同的物理层

2.4 GHz 物理层的数据传输率为 250 kb/s，868 MHz、915 MHz 物理层的数据传输率分别是 20 kb/s、40 kb/s。物理层通过射频固件和射频硬件提供了一个从 MAC(媒体访问控制)

层到物理层无线信道的接口。在物理层中有 PD-SAP(数据服务接入点) 和 PLME-SAP(物理层管理实体服务接入点)，通过 PD-SAP 为物理层数据提供服务，通过 PLME-SAP 为物理层管理提供服务。

2. 媒体介质访问层

Zigbee 协议栈的 MAC 层基于 IEEE 802.15.4 标准，专为低功耗、低数据速率的无线网络设计，支持智能家居、工业自动化等应用。

MAC 层为两个 ZigBee 设备的 MAC 层实体之间提供可靠的数据链路，负责不同设备之间无线数据链路的建立、维护、结束，确认数据传送和接收。

3. 网络层

网络层为 ZigBee 协议栈的核心部分，其主要功能是确保 MAC 的正确工作，同时为应用层提供服务，具体包括网络维护、网络层数据的发送和接收、路由的选择、广播通信和多播通信等。为实现与应用层的通信，网络层定义了两个服务实体，分别为网络层数据实体 (NLDE) 和网络层管理实体 (NLME)。NLDE 通过服务接入点 NLDE-SAP 提供数据传输服务，NLME 则通过服务接入点 NLME-SAP 提供网络管理服务，并完成对网络信息库 (NIB) 的维护和管理。NLDE 提供数据服务是通过允许一个应用程序在两个或多个设备之间传输应用协议数据单元 (APDU) 实现的，但是设备本身必须位于同一个网络中。NLME 提供管理服务则是通过允许一个应用程序与协议栈相互作用来实现的。

4. 应用层

ZigBee 的应用层包括应用支持子层 (APS)、ZigBee 设备对象 (ZDO) 和应用程序框架。APS 负责维护绑定表，根据服务和需求在两个绑定实体间传递信息；ZDO 负责定义设备节点在网络中的角色，并负责网络设备的发现，决定提供何种应用服务，还负责初始化或绑定相应请求及建立网络设备间的安全关系。

对于 ZigBee 装置而言，当加入到一个无线局域网 (WPAN) 后，应用层的 ZDO 会发起一系列初始化动作，先通过 APS 进行装置搜寻及服务搜寻，然后根据事先定义好的描述信息，将与其相关的装置或者服务记录在 APS 的绑定表中；之后，所有服务的使用都要通过这个绑定表来查询装置的资料或行规。装置应用行规是根据不同的产品设计出不同的描述信息以及 ZigBee 各层协议的参数设定的。在应用层，开发商必须决定是采用公共的应用类还是开发自己专有的类。ZigBee V1.0 已经为照明应用定义了基本的公共类，并制定针对 HVAC、工业传感器和其他传感器的应用类。任何公司都可以设计与支持公共类产品相兼容的产品。应用层将主要负责把不同的应用映射到 ZigBee 网络上，具体包括：

(1) 安全与鉴权；

(2) 多个业务数据流的汇聚；

(3) 设备发现；

(4) 业务发现。

4.3.3　ZigBee 技术的网络连接

ZigBee 主要支持三种拓扑结构，分别是星状 (Star) 拓扑结构、树状 (Cluster Tree) 拓扑结构和网状 (Mesh) 拓扑结构。拓扑结构通常由协调器 (Coordinator)、路由器 (Router) 和终端 (End Divice) 组成。

1. 星状拓扑结构

星状拓扑结构网络由一个 ZigBee 协调器节点和一个或多个 ZigBee 终端节点组成。ZigBee 协调器节点位于网络的中心，如图 4.21 所示。负责发起建立和维护网络的节点一般为简化功能装置 (Reduced Functional Device，RFD)，也可以为全功能装置 (Full Functional Device，FFD)，它们分布在 ZigBee 协调器节点的覆盖范围内，直接与 ZigBee 协调器节点进行通信。如果需要在两个终端节点之间进行通信则必须通过协调器节点转发。协调器必须是 FFD，从设备可以是 FFD，也可以是 RFD。

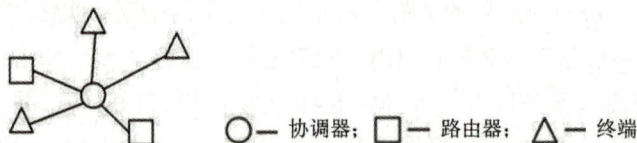

○— 协调器；□— 路由器；△— 终端

图 4.21　星状拓扑结构

星状拓扑结构具有结构简单、网络成本低、易于管理等优点，但是存在中心节点覆盖过重、节点之间灵活性差、网络过于简单、覆盖范围有限、只能适用于小型网络等缺点。

2. 树状拓扑结构

树状拓扑结构由星状拓扑结构网络连接形成，由 ZigBee 协调器、若干个路由器及终端设备组成，如图 4.22 所示。树状拓扑结构网络中枝干末端的叶节点一般为 RFD，协调器为 FFD，协调器节点和路由器节点可以包含子节点，而终端节点不能有子节点。树状拓扑结构的通信规则是每个节点都只能与其父节点或子节点进行通信，如果需要从一个节点向另一个节点发送数据，那么信息将沿着树的路径向上传递到最近的父节点，然后再向下传递到目标节点。树状拓扑结构网络具有结构比较固定、网络覆盖范围大、可实现网络范围内多跳信息服务、路由算法比较简单等优点，但当网络中的某个节点发生故障脱离网络时，与该节点相连的子节点都将脱离网络，而且信息的传输时延会增大，同步也会变得比较复杂。

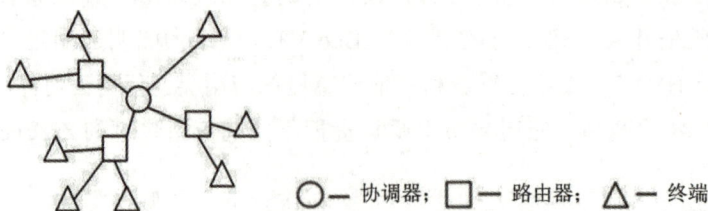

○— 协调器；□— 路由器；△— 终端

图 4.22　树状拓扑结构

3. 网状拓扑结构

网状拓扑结构网络是三种拓扑结构中最复杂的一种，如图 4.23 所示。网络一般由若干个 FFD 连接在一起组成骨干网，网络中的节点均具有路由功能，且采用点对点的连接方式。网络中的节点不仅可以和其通信覆盖范围内的邻节点直接通信，而且可以通过中间节点的转发，经过多条路径将数据发送给其覆盖范围之外的节点。网状拓扑结构网络具有高可靠性、"自恢复能力"、灵活的信息路由规则，可为传输的数据包提供多条路径，一旦一条路径出现故障则存在另一条或多条路径可供选择，但也是由于两个节点之间存在多条路径，同时它也是一种"高冗余"的网络。网状拓扑结构网络的不足之处在于，需要复杂的路由算法来实现多跳通信和路径重选功能，对网络中节点的计算处理能力要求较高。

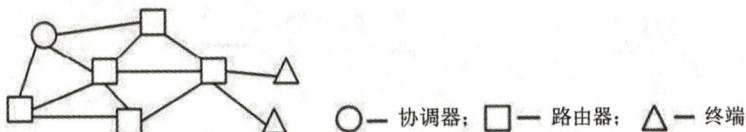

图 4.23　网状拓扑结构

4.3.4　ZigBee 技术的特点及应用

与同类通信技术相比，ZigBee 技术的特点如下。

(1) 功耗低：在低功耗待机状态下，两节五号干电池可以使用 6～24 个月，甚至更长，从而免去了充电或者频繁更换电池的麻烦。这是 ZigBee 的突出优势，特别适用于无线传感器网络。相比较而言，蓝牙能工作数周，Wi-Fi 仅可工作数小时。

(2) 成本低：通过大幅简化协议 (不到蓝牙的 1/10)，降低了对通信控制器的要求，按预测分析，以 8051 的 8 位微控制器测算，全功能的主节点需要 32 KB 代码，子功能节点仅需 4 KB 代码，而且 ZigBee 的协议专利是免费的，这也为技术的推广和应用提供了便利。

(3) 数据传输速率低：ZigBee 工作在 20～250 kb/s 的较低速率，它分别提供 250 kb/s (2.4 GHz)、40 kb/s(915 MHz) 和 20 kb/s(868 MHz) 的原始数据吞吐率，满足低速率传输数据的应用需求。

(4) 时延短：ZigBee 的响应速度快，一般从休眠转入工作状态只需 15 ms，节点接入网络只需 30 ms，节点连接进入网络只需 30 ms，进一步节省了电能。相比较，蓝牙需要 3～10 s，Wi-Fi 需要 3 s。

(5) 有效范围小：有效覆盖范围在 10～75 m 之间，具体依据实际发射功率的大小和各种不同的应用模式而定，基本上能够覆盖普通的家庭或办公室环境。在增加 RF 发射功率后，亦可增加到 1～3 km。如果通过路由和节点间通信的接力，传输距离将可以更远。

(6) 容量大：ZigBee 可采用星状、树状和网状网络结构，由一个主节点管理若干子节点。每个 ZigBee 网络最多可支持 255 个设备，也就是说，每个 ZigBee 设备可以与另外 254 台设备相连接；同时主节点还可由上一层网络节点管理，最多可组成 65 000 个节点的网络。

(7) 安全性高：ZigBee 提供了数据完整性检查和鉴权能力，采用 AES-128 加密算法，同时可以灵活确定其安全属性。

(8) 免执照频段且工作频段灵活：ZigBee 采用工业、科学、医疗 (ISM) 频段，即 2.4 GHz (全球)、915 MHz(美国)、868 MHz(欧洲)。

ZigBee 由于其低功耗的特性，有着广泛的应用前景，如图 4.24 所示。它主要应用在数据传输速率不高的短距离设备之间，非常适合物联网中传感网络设备之间的信息传输，利用传感器和 ZigBee 网络，更方便收集数据，分析和处理也变得更简单。

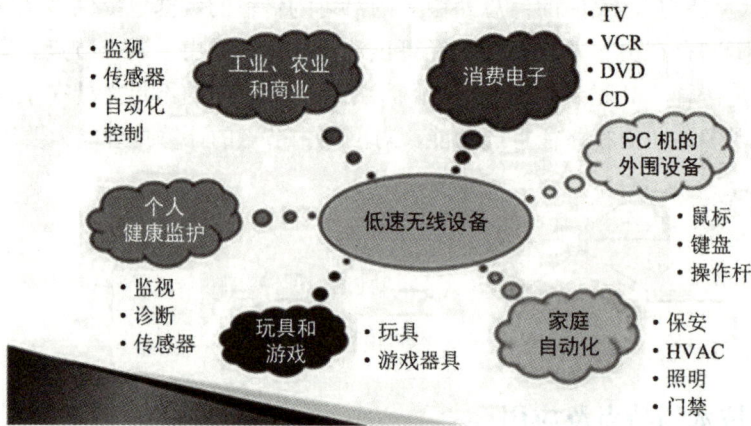

图 4.24　ZigBee 技术的应用领域

4.4　无线局域网通信技术

Wi-Fi

无线局域网 (Wireless Local Area Network，WLAN) 是 Wi-Fi 技术的基础，WLAN 是指应用无线通信技术将计算机设备互联起来，构成可以互相通信和实现资源共享的网络体系。无线局域网本质的特点是不再使用通信电缆将计算机与网络连接起来，而是通过无线的方式连接，从而使网络的构建和终端的移动更加灵活。WLAN 是利用无线通信技术在一定的局部范围内建立的网络，是计算机网络与无线通信技术相结合的产物，它以无线多址信道作为传输媒介，提供传统有线局域网 (Local Area Network，LAN) 的功能，能够使用户真正实现随时、随地、随意的宽带网络接入。

Wi-Fi 通信技术是一种可以将个人计算机、手持设备等终端以无线方式相互连接的技术，全称是 Wireless Fidelity，又称 802.11b 标准，是 IEEE 定义的一个无线网络通信的工业标准，其标志如图 4.25 所示。

图 4.25　Wi-Fi 标志

Wi-Fi 是一个无线网络通信技术的品牌，由 Wi-Fi 联盟所持有，目的是改善基于 IEEE 802.11 标准的无线网络产品之间的互通性。由此，支持 Wi-Fi 技术的产品，其协议上属于

WLAN 的一个子集，即 IEEE 802.11 协议簇。WLAN 无线设备提供了一个世界范围内可以使用的、费用低且数据带宽高的无线空中接口。用户可以在 Wi-Fi 覆盖区域内快速浏览网页，随时随地接听和拨打电话。而其他一些基于 WLAN 的宽带数据应用，如流媒体、网络游戏等功能则拥有更为广泛的市场。基于 Wi-Fi 技术，可以拨打网络长途电话、浏览网页、收发电子邮件、下载音乐等，而无须担心速度慢和花费高的问题。Wi-Fi 在掌上设备上的应用越来越广泛，而智能手机就是其中一种。与早前应用于手机上的蓝牙技术不同，Wi-Fi 具有更大的覆盖范围和最高的传输速率。现在 Wi-Fi 的覆盖范围在国内越来越广，人们可以随时随地享受便捷的网络服务。

4.4.1　WLAN 的发展

在 WLAN 发明之前，人们要想通过网络进行联络和通信，必须先用物理线缆组建一个信号传输的通路，为了提高效率和速度，后来又发明了光纤。当网络发展到一定规模后，人们又发现，这种有线网络无论组建、拆装还是在原有基础上进行重新布局和改建，都非常困难，且成本和代价也非常高，于是 WLAN 的组网方式应运而生。

WLAN 中主要的协议标准有 802.11 系列、HiperLAN、HomeRF 等。802.11 系列协议是由 IEEE 制定的，目前是居于主导地位的无线局域网标准。Wi-Fi 的发展历程如表 4-3 所示。

表 4-3　Wi-Fi 发展历程

Wi-Fi 版本	Wi-Fi 标准	发布时间	最高速率	工 作 频 段
Wi-Fi 0	IEEE 802.11	1997 年	2 Mb/s	2.4 GHz
Wi-Fi 1	IEEE 802.11a	1999 年	54 Mb/s	5 GHz
Wi-Fi 2	IEEE 802.11b	1999 年	11 Mb/s	2.4 GHz
Wi-Fi 3	IEEE 802.11g	2003 年	54 Mb/s	2.4 GHz
Wi-Fi 4	IEEE 802.11n	2009 年	600 Mb/s	2.4 GHz 或 5 GHz
Wi-Fi 5	IEEE 802.11ac	2014 年	1 Gb/s	5 GHz
Wi-Fi 6	IEEE 802.11ax	2019 年	11 Gb/s	2.4 GHz 或 5 GHz
Wi-Fi 7	IEEE 802.11be	2022 年	30 Gb/s	2.4 GHz、5 GHz 或 6 GHz

4.4.2　WLAN 物理层协议

由于 WLAN 是基于计算机网络与无线通信技术的，在计算机网络结构中，逻辑链路控制 (LLC) 层及其之上的应用层对不同的物理层的要求可以是相同的，也可以是不同的，因此，WLAN 标准主要是针对物理层 (PHY) 和媒体介质访问层 (MAC)，涉及所使用的无线频率范围、空中接口通信协议等技术规范与技术标准。

随着技术和需求的不断发展，WLAN 物理层支持的速率不断提高，从最初的 1 Mb/s 到目前最高的 600 Mb/s。下面按数据传输速率提升方式来介绍 WLAN 网络复杂的物理层技术。

1. 直接序列扩频与跳频扩频

IEEE 于 1999 年发布了最初的 WLAN 标准即 IEEE 802.11—1999，该标准提出了三种物理层技术：跳频扩频 (Frequency-Hopping Spread Spectrum，FHSS)、直接序列扩频 (Direct-Sequence Spread Spectrum，DSSS) 和红外 (Infrared，IR)。这三种物理层技术均支持 1 Mb/s 和 2 Mb/s 两种速率，其中 IR 很少使用，IEEE 目前不再对其进行维护，FHSS 和 DSSS 均为常见的扩频技术。

FHSS 是对收发双方设备无线传输信号的载波频率按照预定算法或者规律进行离散变化的通信方式，也就是说，无线通信中使用的载波频率受伪随机变化码的控制而随机跳变 (跳频图案如图 4.26 所示)。

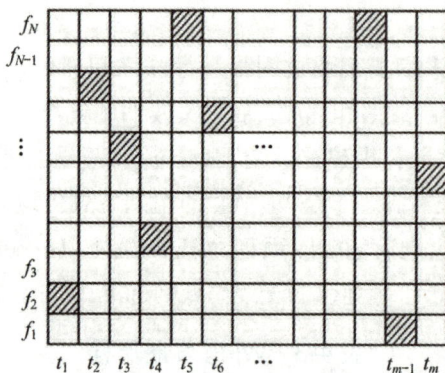

图 4.26　FHSS 跳频图案

DSSS 技术的工作原理如图 4.27 所示，它直接用伪噪声序列 (Pseudo Random Noise Code，PN) 对载波进行调制，要传送的数据信息经过信道编码后，与伪噪声序列进行模 2 加生成复合码去调制载波。接收机在收到发射信号后，首先通过伪码同步捕获电路来捕获发送的伪码精确相位，并由此产生跟发送端的伪码相位完全一致的伪码作为本地解扩信号，以便能够及时恢复出原始数据信息，完成整个直扩通信系统的信号接收。

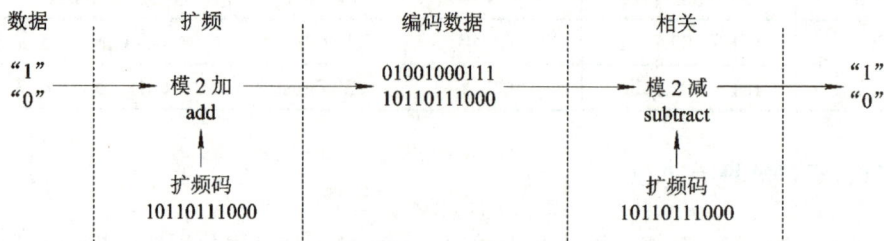

图 4.27　DSSS 工作原理图

2. 正交频分复用技术

IEEE 802.11a/g 使用一种与 DSSS 完全不同的技术，即正交频分复用 (OFDM) 技术。在 OFDM 技术中，允许将 FDM(频分复用) 各个子载波重叠排列，同时保持子载波之间的正交性 (以避免子载波之间的干扰)。如图 4.28 所示，部分重叠的子载波排列可以大大提高频谱效率，因为相同的带宽内可以容纳更多的子载波。

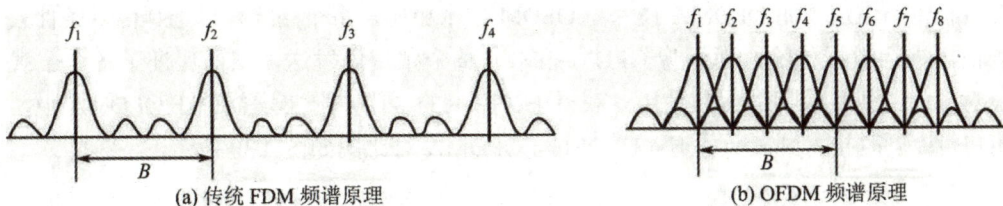

图 4.28　FDM 与 OFDM

802.11a 与 802.11g 的主要不同在于使用的工作频段不同，前者使用 5 GHz 频段，而后者使用 2.4 GHz 频段，但工作带宽均是 20 MHz。802.11a/g 规定符号传输时间为 4 μs，其中 800 ns 用于符号间隙，于是需要的带宽为 0.312 5 MHz(1/3.2 μs)。接着把站点的工作带宽 (20 MHz) 以 0.312 5 MHz 为粒度划分成 52 个子通道，其中 48 个子通道用来传输数据，在每个子通道上通过正交调幅即 QAM 技术来完成调制功能。为了增强数据的容错性，在进行 QAM 调制前，对数据进行容错编码，标准规定的编码方式为前向纠错码 (FEC)。

3. 多输入 / 多输出技术

IEEE 802.11n 的关键技术为多输入 / 多输出 (Multi-Input Multi-Output，MIMO)。MIMO 技术在发射端和接收端均采用多天线 (或阵列天线) 和多信道的传输方式，如图 4.29 所示。

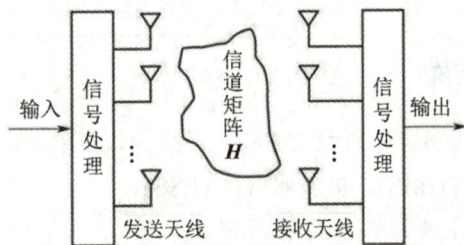

图 4.29　MIMO

MIMO 系统将需要传输的数据先进行多重切割，然后利用多重天线进行同步传送。无线信号在传送过程中，会以多种多样的直接、反射或穿透等路径进行传输，从而导致信号到达接收天线的时间不一致，即所谓的多径效应。MIMO 技术充分利用了多径效应的特点，在接收端采用多重天线来接收数据，并依靠频谱相位差等方式来计算出正确的原始数据。MIMO 技术不仅可以提高信道容量和频谱效率，同时也可以提高信道的可靠性、降低误码率。MIMO 是 IEEE 802.11n 标准所采用的最重要的技术之一。此外，802.11n 还增加了其他功能以提高数据传输速率，如 A-MSDU、A-MPDU、40 MHz 双带宽传输等，以使最高传输速率达到 600 Mb/s，远高于 802.11a/g 的传输速率。

4. 正交频分多址技术

正交频分多址 (OFDMA) 技术是无线通信系统中的一种多用户接入技术，WiMax、LTE 都采用 OFDMA。

OFDMA 是从 OFDM 演进过来的，最早应用于通信技术。Wi-Fi 6 标准也采纳了这种技术来提高频谱的利用效率。在传统方式中，每个用户要发送数据 (无论数据包的大小) 都会占用整个信道，由于无线网络中传输大量的管理帧与控制帧，这些帧虽然数据包小但还是要占有整个信道。而 OFDMA 技术与 OFDM 技术相比，每个用户可以选择信道条件较好的子信道进行数据传输，而不像 OFDM 技术在整个频带内发送，从而保证了各个子载波都被对应信道条件较优的用户使用，获得了频率上的多用户分集增益。在 OFDMA 中，一组用户可以同时接入到某一信道。OFDM 与 OFDMA 对比图如图 4.30 所示。

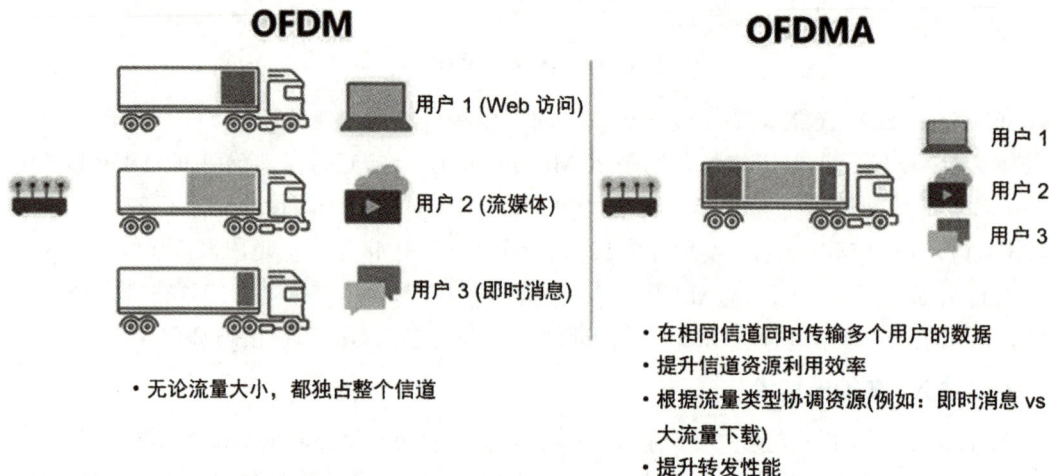

图 4.30　OFDM 与 OFDMA 对比图

4.4.3　WLAN 的拓扑结构

无线局域网的物理组成包括工作站 (STA)、无线接入点 (AP)、无线控制器 (AC)、基本服务区 (BSA)、基本服务集 (BSS)、扩展服务区 (ESS)。

WLAN 拓扑网络结构主要有如下类型。

(1) 点对点模式 (Peer-to-Peer)。点对点模式无中心拓扑结构，由无线工作站组成，用于一台无线工作站和另一台或多台其他无线工作站的直接通信。该网络无法接入到有线网络中，只能独立使用，无须 AP，安全由各个客户端自行维护。

点对点模式中的一个节点必须能同时"看"到网络中的其他节点，否则就认为网络中断，因此对等网络只能用于少数用户的组网环境，如 4～8 个用户。

(2) 基础架构模式 (Infrastructure)。基础架构模式由无线接入点、无线工作站及分布式系统构成，覆盖区域称为基本服务区。AP 用于在无线 STA 和有线网络之间接收、缓存和转发数据，所有无线通信都经过 AP 完成，具有中心拓扑结构。AP 通常能覆盖几十至几百个用户，覆盖半径可达上百米。AP 可连接有线网络，实现无线网络和有线网络的互联。

(3) 多 AP 模式。多 AP 模式由多个 AP 以及连接它们的分布式系统 (DSS) 组成基础架构模式网络，也称为扩展服务区 (ESS)。扩展服务区内的每个 AP 都是一个独立的无线网络基本服务区，所有 AP 共享同一个扩展服务区标识符 (ESSID)。DSS 在 802.11 标准中并没有定义，但是目前大都指以太网。相同 ESSID 的无线网络间可以进行漫游，不同 ESSID 的无线网络形成逻辑子网。多 AP 模式也称为多蜂窝结构，蜂窝之间建议有 15% 的重叠，以便于无线工作站在不同的蜂窝之间可进行无缝漫游。所谓漫游，是指一个用户从一个地点移动到另外一个地点，即被认定为离开一个接入点，进入另一个接入点。在有线不能到达的情况下，可采用多蜂窝无线中继结构，要求中继蜂窝之间有 50% 左右的信号重叠，同时中继蜂窝内的客户端使用效率会下降 50%。

(4) 无线网桥模式。无线网桥模式利用一对无线网桥连接两个有线或者无线局域网网段，如果放大器和定向天线连用，传输距离可达 50 km。

(5) 无线中继器模式。无线中继器模式用来在通信路径的中间转发数据，从而延伸系统的覆盖范围。

(6) AP Client 客户端模式。AP Client 客户端模式也称为主从模式，在此模式下工作的 AP 会被主 AP (中心 AP) 看成一台无线客户端，其地位和无线网卡等同。这种模式的好处在于能方便网管统一管理子网络。AP Client 客户端模式应用在室外的话，物理结构上类似点对多点的连接方式。

(7) 无线 Mesh 网。无线 Mesh 网 (Wireless Mesh Network，WMN) 即无线网状网或无线多跳网，Mesh 的本义是指所有的节点都相互连接。传统的无线网络必须先访问无线 AP，称为单跳网络；无线 Mesh 网的核心思想是让网络中的每个节点都可以发送和接收信号，称为多跳网络，它可以大大增加无线系统的覆盖范围，同时可以提高无线系统的带宽容量及通信可靠性，是一种非常有发展前途的宽带无线接入技术。

在传统 WLAN 中，每个 AP 必须与有线网络相连接，而基于 Mesh 结构的 WLAN 网络仅需要部分 AP 与有线网络相连，AP 与 AP 之间采用点对点方式通过无线中继链路互联，实现逻辑上每个 AP 与有线网络的连接。这样就摆脱了有线网络受地域限制的不利因素，从而可以建设一个大规模的无线局域网络，使无线局域网的应用不再局限于以前的热点地区覆盖。

4.4.4　WLAN 的 MAC 层协议

IEEE 802.11 使用的 MAC 技术为载波侦听多路访问 / 冲突避免 (CSMA/CA)，并且以此为基础衍生出了三种访问策略以支持不同的应用环境，即分布式协调功能 (Distributed Coordination Function，DCF)、点协调功能 (Point Coordination Function，PCF)、混合协调功能 (Hybrid Coordination Function，HCF)，这里仅介绍 DCF 和 PCF。

1. DCF

DCF 是 IEEE 802.11 的 MAC 层协议的基本访问方法，支持异步竞争。DCF 有两种基本访问方式：请求发送、允许发送 (RTS/CTS) 协议和带有碰撞避免功能的载波侦听多址接入 (CSMA/CA) 协议。

(1) RTS/CTS。RTS/CTS 协议被 IEEE 802.11 标准用来避免由隐藏终端问题所造成的碰撞冲突。该协议适合于一些特殊场合，如果共用一个信道的多个 BSS 的覆盖范围互有重叠，或者当两个相互不能通信的工作站点都和 AP 通信，或者为了消除隐藏终端现象，则可以使用 RTS/CTS 协议来有效地防止碰撞冲突的发生或者用来解决因数据帧过长而产生的低效率问题。

(2) CSMA/CA。为了解决碰撞冲突问题，CSMA/CA 使用主动避免碰撞方式来替代被动侦听方式，从而使 AP 和允许物理兼容的工作站点之间可以自动共享无线介质。CSMA/CA

采用载波侦听机制和退避策略两种方式来避免碰撞冲突的发生。其中，载波侦听机制分为物理载波侦听和虚拟载波侦听两种。物理层为工作站点提供了对介质进行侦听的条件，供 MAC 层作为确定线路忙闲状态的一个因素。退避策略主要是为了防止工作站点之间在共享信道时可能发生的碰撞冲突。在信道利用率比较高的环境中，信道繁忙状态刚结束的时间段通常是碰撞冲突发生的高发期。因为各工作站点都在等待信道空闲，信道一旦出现空闲，各工作站点都争先恐后地试图在第一时间发送数据信息，为此，退避策略可以控制各工作站点帧的发送情况，能够有效地避免碰撞冲突的发生，将损失减至最小。

2. PCF

DCF 在面对不同时延或者带宽时并不能完全保证应用对服务质量的要求，为此，IEEE 802.11 标准定义了 PCF。在 PCF 模式下，无线接入设备周期性发出信号测试帧，通过测试帧与各无线设备来识别网络，并对网络管理参数进行交互。

1) 工作站点访问 BSS

当一个站点要访问某个已知的 BSS 时，该站点需要获取 AP 或者其他站点在 Ad-hoc 模式下的同步信息。同步信息的获取方法有主动扫描和被动扫描两种。

(1) 主动扫描。工作站点发送探测请求帧定位 AP，然后等待 AP 对探测请求进行应答。

(2) 被动扫描。工作站点一直处于等待状态，直到它收到 AP 周期性发出的含有同步信息的帧。

上述两种方法的选择取决于功耗和性能之间的比较与取舍。如果一个站点定位了某个 AP，并决定加入该 AP 的 BSS 时，则此站点就会进入身份认定过程。身份认定过程是 AP 和该站点交换信息的过程，双方在此过程中都要进行密码验证。如果站点通过了身份验证，将启动联络过程。联络过程是一次关于站点和 BSS 能力的信息交换。只有在联络过程完成之后，站点才能对帧进行发送和接收。

2) PCF 基本访问过程

PCF 是用 AP 集中控制整个 BSS 内所有活动的方式，主要功能是决定当前哪一个 STA (无线工作站) 有权发送数据。PCF 使用集中控制的接入算法，用类似于探寻的方法把发送数据权轮流交给各工作站点，从而避免了碰撞的产生。测试帧之间的周期分为竞争周期和无竞争周期 (Contention Free Period，CFP)。

在无竞争周期中，PCF 支持实时的数据信息传输。此时，PCF 发送无竞争周期的帧，并提供可选的优先级。在这种工作模式下，AP 将充当中心控制器的角色，控制各种站点帧的发送情况，而所有工作站点都要服从 AP 的管理。

在每个无竞争周期的开始，作为中心控制器的 AP 首先设置各工作站点的初始网络分配矢量 (Network Allocation Vector，NAV) 值，同时开始探测信道的忙闲状态。若信道在一个点帧间间隔 (Point Interframe Space，PIFS) 时长后空闲，则中心控制器将发送包含无竞争周期参数设置元素的信标帧；工作站点收到信标帧后利用无线局域网 (WLAN) 中 CFP Max Duration(无竞争周期中最大持续时间) 值来重新设置自己的 NAV 值。各工作站点可以根据 CFP Max Duration 值来获知无竞争周期的长度。在发送初始信标帧后，中心控制器至少经过一个短帧间间隔 (Short Interframe Space，SIFS) 时长才从轮询帧、带有轮询信息的数据帧、数据帧或结束 CFP 的控制帧等帧中选择一个，并发送出去。若中心控制器既没有发送缓冲的数据帧，也没有发送轮询帧，则在发送初始信标帧后立即发送 CF-END 帧，并结束无竞争周期。

3) PCF 轮询机制

在无竞争周期中，中心控制器将决定工作站点是否有权发送帧，以及控制工作站点发送帧的先后顺序。在无竞争周期开始，除中心控制器以外的其他工作站点都将自己的 NAV 值设置为 CFP Max Duration。工作站点收到信标帧后，利用 CFP Dur Remaining(无竞争周期中剩余时间参数) 值来重新设置自身的 NAV 值。此处的信标帧包含与 BSS 重叠的其他 BSS 发来的信标帧，便于重叠的 BSS 之间进行协调。工作站点加入 BSS 时，将使用接收到的信标帧或探测响应帧中的 CFP Dur Remaining 来重新设置 NAV 值。

PCF 可以采用简单的轮询策略，也可以采用基于优先级的轮询策略。在 IEEE 802.11 标准中，PCF 可选，并提供无竞争数据传输。在无竞争周期中，中心控制器至少发送一个轮询帧给轮询表中的工作站点，然后依次按照关联 ID(Association Identifier，AID) 值的递增顺序来轮询工作站点。当所有工作站点都被轮询后，如果无竞争周期还有时间，则中心控制器将随机对轮询表中的工作站点进行轮询。

4) 共存通信

在某种机制下，DCF 和 PCF 可以在同一个 BSS 中共存通信。当 BSS 中存在一个点协调器时，DCF 和 PCF 可以交替进行。无竞争传送协议采用受控于点协调器的轮询机制。点协调器在无竞争周期开始时获得对信道使用权的控制，并且试图采用比 DCF 传输时长短的 PIFS 控制整个无竞争周期。在该 BSS 中，除了点协调器以外的其他站点在无竞争周期开始时，将自身的 NAV 设为 CFP Max Duration，这样可以防止大量非轮询帧在该 BSS 的站点间进行传送。而在无竞争周期期间从来没有被轮询的站点，以及不支持被轮询的站点，将利用 DCF 进行应答。

4.4.5　WLAN 技术的特点及应用

WLAN 是利用空气中的电磁波发送和接收数据的，而无需线缆介质。WLAN 的数据传输速率现在已经能够达到 11 Mb/s，传输距离可远至 20 km 以上。它是对有线联网方式的一种补充和扩展，使联网的计算机具有可移动性，能快速方便地解决使用有线方式不易实现的网络连通问题。与有线网络相比，WLAN 具有以下优点。

(1) 安装便捷。WLAN 最大的优势就是免去或减少了网络布线的工作量，一般只要安装一个或多个接入点设备，就可建立覆盖整个建筑或地区的局域网络。

(2) 使用灵活。在有线网络中，网络设备的安放位置受网络信息点位置的限制，而一旦 WLAN 建成后，在无线网的信号覆盖区域内任何一个位置都可以接入网络。

(3) 经济节约。由于有线网络缺少灵活性，这就要求网络规划者尽可能地考虑未来发展的需要，而这往往又会导致预设大量利用率较低的信息点；一旦网络的发展超出了设计规划，又要花费较多费用进行网络改造。WLAN 可以避免或减少以上情况的发生。

(4) 易于扩展。WLAN 有多种配置方式，能够根据需要灵活选择。这样，WLAN 就能胜任从只有几个用户的小型局域网到上千用户的大型网络，并且能够提供像"漫游 (Roaming)"等有线网络无法提供的功能。

(5) 安全性高。在安全性方面，无线扩频通信本身就起源于军事上的防窃听 (Anti-Jamming) 技术，而有线链路沿线均可能遭搭线窃听。

WLAN 由于其不可替代的优点，广泛应用于需要在移动中联网和在网间漫游的场合，并在不易布线的地方和远距离的数据处理节点提供强大的网络支持。WLAN 的一些典型应用场合包括移动办公系统、医护管理、工厂车间、库存控制、展览和会议、金融服务、旅游服务行业等，总之，WLAN 通信技术由于其优势应用在人们的生活、工作的各个方面。

4.5　RFID 通信技术

感知技术 1　　　感知技术 2

射频识别 (Radio Frequency Identification，RFID) 技术是 20 世纪 90 年代兴起的一项自动识别技术，它利用无线电射频方式实现读写器与标签间的非接触式双向通信。RFID 技术可识别高速运动物体并可同时识别多个标签，操作快捷方便。RFID 技术已经在物流管理、生产线工位识别、绿色畜牧业养殖、个体记录跟踪、汽车安全控制等领域大量成功应用，是实现物联网时代的一项关键技术。

4.5.1　RFID 的发展历程

RFID 技术是一种自动识别技术，最早起源于英国，RFID 系统如同物联网的触角，使自动识别物联网中的每个物体成为可能。RFID 发展历程如表 4-4 所示。

表 4-4　RFID 发展历程

时　间	事　件
1940—1950 年	雷达的改进和应用催生了 RFID 技术
1950—1960 年	RFID 技术处于实验室研究阶段
1960—1970 年	RFID 开始了一些应用的尝试
1970—1980 年	出现了一些最早的 RFID 应用
1980—1990 年	RFID 技术及产品进入商业应用阶段
1990—2000 年	RFID 产品得到广泛应用
2000 年后	规模应用行业扩大

4.5.2　RFID 的系统组成

最基本的 RFID 系统由电子标签 (Tag)、读写器 (Reader)、天线 (Antenna) 三部分组成，如图 4.31 所示。

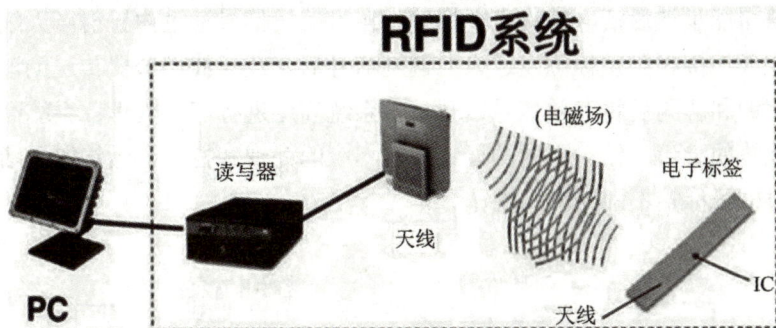

图 4.31　RFID 的基本组成

1. 电子标签

电子标签又称为应答器或射频卡，由耦合元件及芯片组成，每个标签具有唯一的电子编码，附着在物体上标识目标对象。电子标签中一般保存有约定格式的电子数据，在实际应用中，电子标签附着在待识别物体的表面。读写器可无接触地读取并识别电子标签中所保存的电子数据，从而达到自动识别物体的目的。

2. 读写器

读写器又称为阅读器或询问器，是读取和写入电子标签数据的设备，它可以是单独的个体，也可以被嵌入其他系统中。读写器也是构成 RFID 系统的重要部件之一，它能够读取电子标签中的数据，也能够将数据写入电子标签中。读写器还可以与系统高层进行连接，以通过系统高层完成数据信息的存储、管理与控制，是电子标签与系统高层的连接通道。

读写器没有固定的模式，根据天线与读写器模块是否分离，读写器可分为集成式读写器和分离式读写器；根据读写器外形和应用场合不同，读写器又可分为固定式读写器、手持便携式读写器，如图 4.32 所示。

图 4.32　手持式读写器与固定式读写器

4.5.3　RFID 的工作原理

RFID 的工作原理是利用射频信号的空间耦合 (电磁感应或电磁传播) 传输特性，实现对静止的或移动的待识别物品的自动识别。RFID 系统的工作原理如图 4.33 所示。由读写器通过发射天线发送特定频率的射频信号，当电子标签进入有效工作区域时产生感应电流，从而获得能量被激活，使得电子标签将自身编码信号通过内置射频天线发送出去；读写器的接收天线接收到从标签发送来的调制信号后，经天线调节器传送到读写器信号处理模块，经解调和解码后将有效信号送至后台系统高层进行相关处理；系统高层根据逻辑运算识别该标签的身份，针对不同的设定做出相应的处理和控制，最终发出指令信号控制读写器完成对电子标签不同的读写操作。

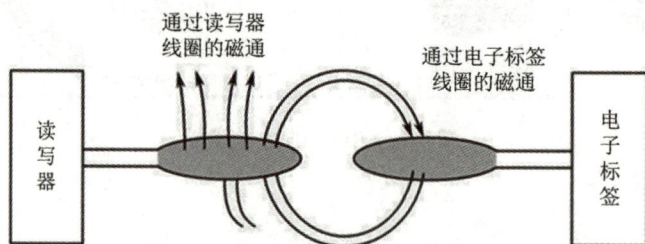

图 4.33　RFID 的工作原理

4.5.4　RFID 技术的特点及应用

RFID 是一项易于操控、简单实用且特别适于自动化控制的灵活性应用技术，识别工作无须人工干预。它既可支持只读工作模式也可支持读写工作模式，且无须接触或瞄准；可自由工作在各种恶劣环境下，短距离射频产品不怕油渍、灰尘污染等恶劣的环境，可以替代条码，例如用在工厂的流水线上跟踪物体；长距射频产品多用于交通上，识别距离可达几十米，如自动收费或识别车辆身份等。RFID 技术所具备的独特优越性是其他识别技术无法企及的，其主要有以下几方面的特点。

(1) 读取方便快捷：数据的读取无须光源，甚至可以透过外包装来进行；有效识别距离更远，采用自带电池的主动电子标签时，有效识别距离可达到 30 m 以上。

(2) 识别速度快：电子标签一进入磁场，读写器就可以即时读取其中的信息，而且能够同时处理多个电子标签，实现批量识别。

(3) 数据容量大：数据容量最大的二维条形码 (PDF417)，最多也只能储存 2725 个数字，若包含字母，存储量则会更少；而 RFID 电子标签则可以根据用户的需要扩充到数万。

(4) 使用寿命长，应用范围广：RFID 采用无线电通信方式，其可以应用于粉尘、油污等高污染环境和放射性环境，而且其封闭式包装使得其寿命大大超过印刷的条形码。

(5) 标签数据可动态更改：利用编程器可以向电子标签写入数据，从而赋予 RFID 电子标签交互式便携数据文件的功能，而且写入时间相比打印条形码更少。

(6) 更好的安全性：不仅可以嵌入或附着在不同形状、类型的产品上，而且可以为标签数据的读写设置密码保护，从而具有更高的安全性。

(7) 动态实时通信：标签以 50～100 次 /s 的频率与读写器进行通信，所以只要 RFID 标签所附着的物体出现在读写器的有效识别范围内，就可以对其位置进行动态追踪和监控。

目前，RFID 已成为 IT 业界的研究热点，世界各大软硬件厂商包括 IBM、摩托罗拉、飞利浦、TI、微软、Oracle、Sun、BEA、SAP 等在内的公司都对 RFID 技术及其应用表现出了浓厚的兴趣，相继投入大量研发经费，推出了各自的软件或硬件产品及系统应用解决方案。总结下来，RFID 技术的应用大致有以下几个方面。

(1) 门禁安防。门禁系统应用 RFID 技术可以实现持有效电子标签的车不用停车直接通行，节约时间，提高路口的通行效率，更重要的是可以对小区或停车场的车辆出入进行实时的监控，准确验证出入车辆和车主身份，维护区域治安，使小区或停车场的安防管理更加人性化、信息化、智能化、高效化。

(2) 电子溯源。溯源技术大致有三种：第一种是 RFID 无线射频技术，在产品包装上加贴一个带芯片的标识，产品进出仓库和运输就可以自动采集和读取相关的信息，产品的流向都可以记录在芯片上；第二种是二维码，消费者只需要通过带摄像头的手机扫描二维码，就能查询到产品的相关信息，查询的记录都会保留在系统内，一旦产品需要召回就可以直接发送短信给消费者，实现精准召回；第三种是条码加上产品批次信息（如生产日期、生产时间、批号等），采用这种方式，生产企业基本不增加生产成本。

电子溯源系统可以实现所有批次产品从原料到成品、从成品到原料 100% 的双向追溯功能。这个系统最大的特色就是数据的安全性，每个人工输入的环节均被软件实时备份。

采用 RFID 技术进行食品药品的溯源，在一些城市已经开始试点，包括宁波、广州、上海等地，食品药品的溯源主要解决食品来源的跟踪问题，如果发现了有问题的产品，可以简单地追溯，直到找到问题的根源。

(3) 产品防伪。RFID 技术经历了几十年的发展应用，技术本身已经非常成熟，应用于防伪实际就是在普通的商品上加一个 RFID 电子标签，电子标签本身相当于一个商品的身份证，伴随商品生产、流通、使用各个环节，在各个环节记录商品的各项信息。

本 章 小 结

本章重点介绍了物联网的网络通信技术，包括 RFID 技术、ZigBee 技术、蓝牙技术、Wi-Fi 技术等低、高速无线通信技术。

在短距离无线通信中，各项技术及性能指标有所不同，但也有一些共同特点，如：① 低功耗；② 低成本；③ 多在室内环境下应用；④ 使用 ISM 频段；⑤ 使用带电池供电的收发装置。

通过本章的介绍，读者可以了解本课程所学实践项目的应用基础，明确进一步学习的方向。

练习与思考

1. 什么是短距离无线通信？

2. 什么是 Wi-Fi？其特点是什么？

3. 一个 Wi-Fi 连接点包括哪些组成部分？各部分功能是什么？

4. Wi-Fi 的应用领域有哪些？

5. ZigBee 协议有哪些优点？ZigBee 网络的拓扑结构有哪些？

6. 简述蓝牙技术的基本原理，包括蓝牙网络的基本结构单元。

7. 蓝牙技术的特点是什么？根据其特点可以将蓝牙技术应用在哪些领域？

8. 简述物联网的体系结构。

实践篇

第 5 章

基于 Arduino 的蓝牙遥控双色 LED 灯的设计与实践

本章以设计"基于 Arduino 的蓝牙遥控双色 LED 灯"为例，介绍蓝牙的通信原理。

5.1 设 计 流 程

基于 Arduino 的蓝牙遥控双色 LED 灯的设计流程如下：
(1) 材料准备；
(2) 硬件连接；
(3) 程序设计；
(4) 程序测试。

5.2 设 计 实 施

5.2.1 材料准备

本设计所需材料清单如表 5-1 所示。

表 5-1 材 料 清 单

元器件名称	型 号	数 量	参考实物图
Arduino 开发板	Uno R3	1	

元器件名称	型　号	数　量	参考实物图
面包板	400 无焊板孔	1	
蓝牙模块	HC-06	1	
双色 LED 灯	共阴 / 共阳极 双色 LED	1	
电阻	10 kΩ，20 kΩ	2	
跳线	—	若干	

1. 双色 LED 灯

双色发光二极管 (LED) 能够发出两种不同颜色的光，通常是红色和绿色，而不是一种颜色。它采用 3 mm 或 5 mm 环氧树脂封装，共阴极或共阳极可用。双色 LED 具有两个 LED 端子或引脚，以反平行方式排列在电路中并通过阴极 / 阳极连接。正电压可以指向 LED 端子之一，使该端子发出相应颜色的光；当电压的方向反转时，可发出另一种颜色的光。在双色 LED 中，一次只能有一个引脚接受电压。因此，这种 LED 灯经常用作各种设备 (包括电视机、数码相机和遥控器) 的指示灯。

双色 LED 的引脚说明如表 5-2 所示。

表5-2　引 脚 说 明

引脚名称	说 明
R	接地
GND	红灯引脚
G	绿灯引脚

2. 蓝牙模块

HC-06 蓝牙模块通过无线传输的方式来接收和传送数据，采取串行传输的方式将发送端的比特数据流透传至接收端预留 LED 状态输出引脚，单片机可通过该引脚状态判断蓝牙是否已经连接。该模块具有以下特点：

(1) 用 LED 灯指示蓝牙连接状态，闪烁表示蓝牙没有连接，常亮表示蓝牙已连接并打开了端口。

(2) 输出电压为 3.3 V 的低压差线性稳压器 (Low Dropout Regulator，LDO)，输入电压为 3.6～6 V，未配对时电流约为 30 mA，配对后电流约为 10 mA，输入电压禁止超过 7 V。

(3) 接口电平为 3.3 V，可以直接连接各种单片机 (如 51、AVR、PIC、ARM、MSP430 等)，也可直接连接 5 V 单片机，无须 MAX232，也不能经过 MAX232 进行电平转换。

(4) 蓝牙模块在空旷地的有效距离为 10 m，超过 10 m 也可传输但必须保证连接质量。

(5) 配对以后可作为全双工串口使用，无须任何蓝牙协议，但应支持"8 位数据位、1 位停止位、无奇偶校验"的通信格式，这也是最常用的通信格式，不支持其他格式。

(6) 未建立蓝牙连接时，支持通过 AT 指令（一种用于与蓝牙模块进行通信的协议，它是基于"命令 - 响应"体系结构的) 设置波特率、名称、配对密码，设置的参数掉电后可保存，蓝牙连接以后会自动切换到透传模式。

(7) HC-06 蓝牙模块为从机模块，从机能与各种带蓝牙功能的计算机、蓝牙主机、大部分带蓝牙的手机、PDA、PSP 等智能终端配对，从机之间不能配对。

HC-06 蓝牙模块与 Arduino 连接图如图 5.1 所示。

HC-06 无线蓝牙
串口

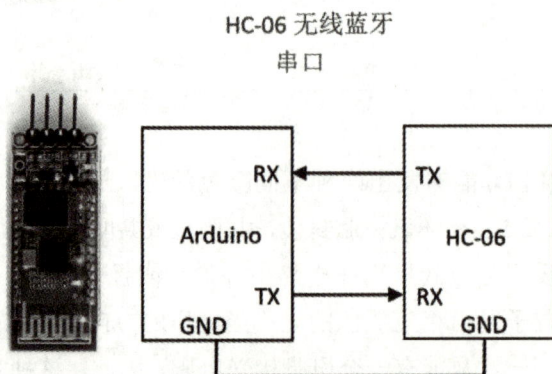

图 5.1　HC-06 蓝牙模块与 Arduino 连接图

HC-06 蓝牙模块的引脚说明如表 5-3 所示。

表 5-3　HC-06 蓝牙模块引脚说明

引脚名称	说　明
RX	接收端
TX	发送端
GND	接地引脚
VCC	3.3～6 V

5.2.2　硬件连接

各模块引脚连接如表 5-4 所示。

表 5-4　各模块引脚连接

模　块	引脚名称	Arduino 开发板引脚
HC-06 蓝牙模块	TX	RX(0)
	RX	TX(1)
	GND	GND
	VCC	5 V
双色 LED 灯	GND	11
	R	GND
	G	10

硬件接线图如图 5.2 所示。

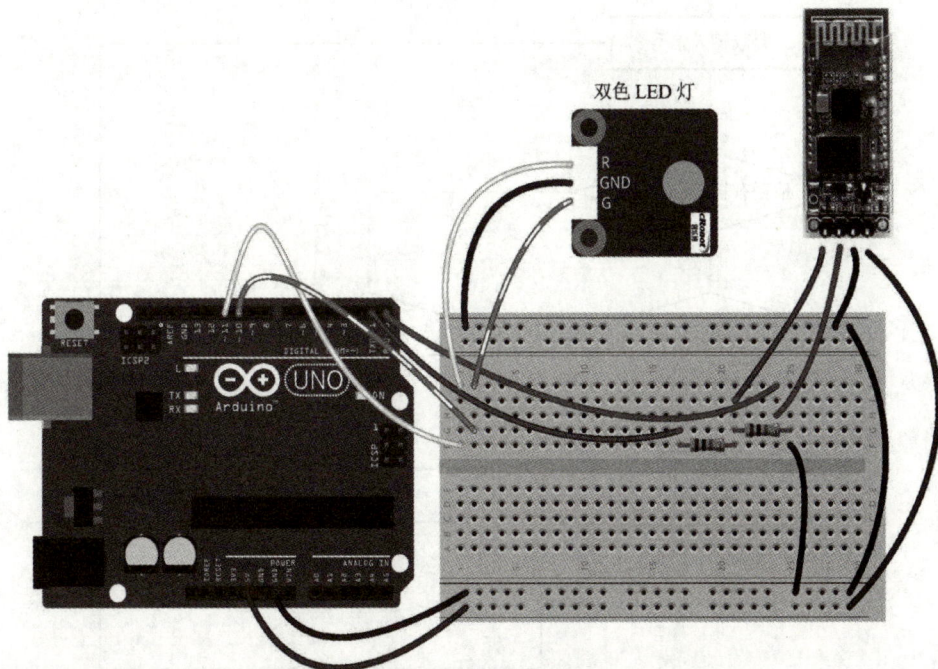

图 5.2　硬件接线图

5.2.3 程序设计

本项目通过使用 Arduino 开发板、HC-06 蓝牙模块、双色 LED 灯设计一个遥控双色 LED 灯，再通过手机远程遥控双色 LED 灯，当输入 1 时打开绿灯，输入 0 时打开红灯。

1. 项目整体框架

项目整体框架如图 5.3 所示。

图 5.3　项目整体框架

2. 项目流程设计

项目流程如图 5.4 所示。

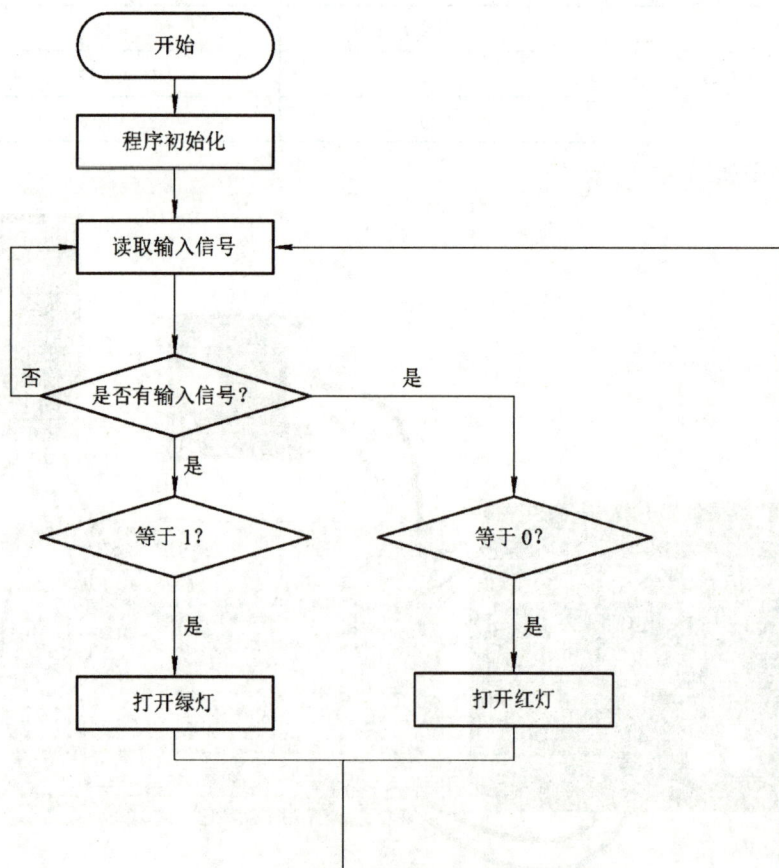

图 5.4　项目流程图

3. 程序代码

蓝牙通信实验的部分参考程序源代码为：

```
char serialData;
void setup()
{
  pinMode(11,OUTPUT);
  pinMode(10,OUTPUT);
  Serial.begin(9600);
}
void loop()
{
  if(Serial.available()>0)
  {
    serialData= Serial.read();
    if(serialData=='1')
    {
      Serial.println("GREEN-ON");
      analogWrite(11,255);
      analogWrite(10,0);
    }
    if(serialData=='0')
    {
      Serial.println("RED-ON");
      analogWrite(10,255);
      analogWrite(11,0);
    }
    delay(3000);
  }
}
```

5.2.4　程序测试

实物连接图如图 5.5 所示。

将程序下载到 Arduino 开发板后会看到 HC-06 蓝牙模块的红色指示灯在闪烁，蓝牙连接成功以后，HC-06 蓝牙模块的红色指示灯常亮。

图 5.5   实物连接图

若在串口上发送 1，则绿灯亮；若发送 0，则红灯亮，实验现象如图 5.6 所示。

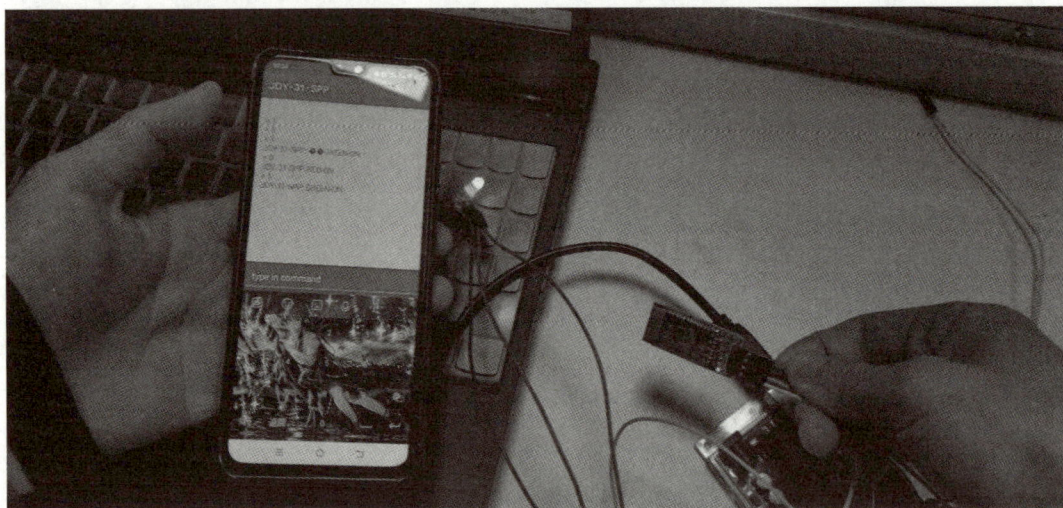

图 5.6   实验现象

本 章 小 结

本章的实践项目主要介绍如何通过 HC-06 蓝牙模块来控制双色 LED 灯的颜色切换，只需要通过手机 APP 就可以远程控制灯的状态。例如，输入 1，就可以打开绿灯；输入 0，就可以打开红灯。

练习与思考

1. HC-06 蓝牙模块有哪些特点？具体的引脚有哪些？
2. HC-06 蓝牙模块如何与 Arduino 开发板进行连接？
3. 动手完成本实验项目。

第 6 章

基于 Arduino 的 RFID 门禁系统的设计与实践

本章以设计"基于 Arduino 的 RFID 门禁系统"为例，介绍 RFID 的工作原理。

6.1 设 计 流 程

基于 Arduino 的 RFID 门禁系统的设计流程如下：

(1) 材料准备；

(2) 硬件连接；

(3) 程序设计；

(4) 程序测试。

6.2 设 计 实 施

6.2.1 材料准备

本设计所需材料清单如表 6-1 所示。

表 6-1 材 料 清 单

元器件名称	型 号	数 量	参考实物图
Arduino 开发板	Uno R3	1	

续表

元器件名称	型　号	数　量	参考实物图
面包板	400 无焊板孔	1	
RFID 模块	MF RC522	1	
舵机	SG90	1	
LCD 显示模块	I^2C LCD1602	1	
有源蜂鸣器	MH-FMD	1	
红外避障传感器	TCRT5000	1	
跳线	—	若干	

1. RFID 模块

MF RC522 是应用于 13.56 MHz 非接触式通信中高集成度的读写卡芯片，是 NXP 公司推出的一款低电压、低成本、体积小的非接触式读写卡芯片，是智能仪表和便携式手持设备研发的较好选择。MF RC522 底层采用串行外设接口 (Serial Peripheral Interface，SPI) 模拟时序，可以应用于校园一卡通、水卡、公交卡、门禁卡等。MF RC522 利用先进的调制和解调概念，完全集成了 13.56 MHz 下所有类型的被动非接触式通信方式和协议，支持 14443A 兼容应答器信号。数字部分则处理 ISO14443A 帧和错误检测 (奇偶 &CRC)，并支持快速 CRYPTO1 加密算法，用于验证 MIFARE 系列产品。MF RC522 支持 MIFARE 系列更高速的非接触式通信，双向数据传输速率高达 424 kb/s。它与主机间通信采用 SPI 模式，有利于减少连线，缩小 PCB 体积，降低成本。

MF RC522 引脚说明如表 6-2 所示。

表 6-2　MF RC522 引脚说明

引脚名称	说　明
3.3 V	电压
RST	复位信号
GND	接地引脚
MISO	SPI 接口主入从出
MOSI	SPI 接口主出从入
SCK	时钟接口
SDA	数据接口
IRQ	中断引脚，悬空不使用

2. LCD 显示模块

普通的液晶显示器和其他显示器大大地丰富了人机交互，但当它们连接到控制器时，需要占用大量的 I/O 口，但是一般的控制器没有那么多的外部端口，它也限制了控制器的其他功能。而具有 I^2C 总线的 LCD1602 模块能解决该问题。

I^2C 总线是由 PHLIPS 发明的一种串行总线。它是一种高性能的串行总线，具有多主机系统所需的总线控制和高速或低速设备同步功能。I^2C LCD1602 上的蓝色电位器可用于调整背光以获得更好的显示效果。I^2C 总线仅使用两个双向漏极开路线、串行数据线 (SDA) 和串行时钟线 (SCL)，通过电阻上拉。使用的典型电压为 5 V 或 3.3 V。I^2C LCD1602 主要具有以下特点：

(1) 显示容量：16 × 2 个字符。

(2) 芯片工作电压：4.5～5.5 V。

(3) 工作电流：2.0 mA(5.0 V)。

(4) 模块最佳的工作电压：5.0 V。

(5) 字符尺寸：2.95 mm × 4.35 mm(宽 × 高)

I^2C LCD1602 模块的引脚说明如表 6-3 所示。

表 6-3　I²C LCD1602 模块引脚说明

引脚名称	说　明
SDA	I²C 数据线
SCL	I²C 时钟线
GND	接地引脚
VCC	电源，3.3～6 V

3. 舵机

舵机是一种只能旋转 180° 的减速电机，由 Arduino 开发板产生的 PWM 脉冲控制，通过 API 接口函数控制其转动到什么角度。

舵机由外壳、电路板、直流电机、齿轮以及位置检测器组成。其工作原理为：Arduino Uno 电路板首先向舵机内部的直流电机发送脉冲宽度调制 (PWM) 信号，这一信号随后被电路板上的集成电路 (IC) 接收并处理。IC 根据接收到的 PWM 信号计算出电机的旋转方向，进而驱动直流电机开始旋转。旋转的电机动力通过减速齿轮传递给摆臂，实现摆臂的精确位置调整。与此同时，位置检测器持续监测摆臂的当前位置，并将位置信号反馈回系统，以便判断摆臂是否已到达预设的目标位置。

舵机模块引脚说明如表 6-4 所示。

表 6-4　舵机模块引脚说明

引脚名称	说　明
SIG	信号输入引脚
GND	接地引脚
VCC	电源，3.3～6 V

4. 红外传感器

红外传感器根据红外反射原理来检测障碍物，红外传感器主要由红外发射器、红外接收器和电位器组成。根据物体的反射特性，如果没有障碍物，发射的红外线会随着它传播的距离而减弱并最终消失。如果有障碍物，当红外线遇到障碍物时，射线会被反射回红外接收器，然后红外接收器检测到该信号并确认前方有障碍物。

红外传感器是一种电子设备，以发射或检测红外辐射来感测其周围环境。红外传感器可以测量物体的热量并检测运动。通常情况下，在红外光谱中，所有物体都会辐射出某种形式的热辐射。这些类型的辐射人们肉眼是不可见的，可以通过红外传感器检测到。发射器是一个红外 LED(发光二极管)，接收器是一个红外光电二极管，它对与红外 LED 发射的波长相同的红外光敏感。当红外光落在红外光电二极管上时，电阻和输出电压将与接收到的红外光的大小成比例变化。

红外传感器分为主动红外传感器和被动红外传感器两大类。一是主动红外传感器，包括发射器和接收器。在大多数应用中，发光二极管用作光源，LED 用作非成像红外传感器，而激光二极管用作成像红外传感器。这些传感器通过接收和检测红外辐射工作。此外，可以使用信号处理器对信号进行处理，以获取必要的信息。这种主动红外传感器的最佳示例是反射和断光传感器。二是被动红外传感器，仅测量红外辐射，而不是发射红外辐射。被动红外传感器仅包括接收器，但不包括发射器。这些传感器探测诸如发射器或红外源之类的物体。该物体发射红外辐射，被动红外传感器接收红外辐射进行检测。之后，使用信号处理器来处理信号，以获得所需的信息。被动红外传感器的最佳示例是热释电探测器、测辐射热计、热电偶、热电堆等。

本项目中采用的是主动红外传感器，红外传感器的工作原理类似于物体检测传感器。该传感器包括一个红外 LED 和一个红外光电二极管，将这两者结合起来，可以形成一个光耦合器。

红外 LED 是一种发射红外辐射的发射器。该 LED 看起来与标准 LED 相似，但可以产生人眼不可见的红外辐射。红外接收器以光电二极管来进行红外辐射检测。红外光电二极管与普通光电二极管不同，它们仅检测红外辐射。红外接收器根据电压、波长、封装等不同而不同。

图 6.1 所示为红外反射原理。红外光电二极管响应通过红外 LED 产生的红外光，红外光电二极管的电阻和输出电压的变化与获得的红外光成正比，这就是红外传感器的基本工作原理。一旦红外发射器发射红外光，红外光到达物体将反射回红外接收器。红外接收器可以根据响应的强度决定传感器输出。在这个项目实验中，当红外传感器接收到物体反射的红外信号时，点亮 LED 灯。红外传感器需要安装好固定位置，防止因其他障碍物反射信号，引发误测量，具体检测距离可以根据电位器进行调节。

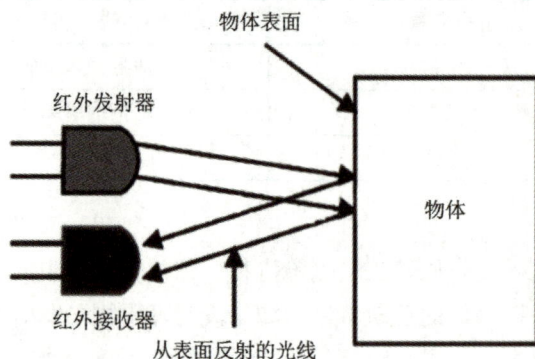

图 6.1　红外反射原理

红外 LED 模块引脚说明如表 6-5 所示。

表 6-5　红外 LED 模块引脚说明

引脚名称	说　明
SIG	信号输入引脚
GND	接地引脚
VCC	电源，3.3～6 V

5. 有源蜂鸣器

蜂鸣器是音频信号装置，可以分为有源蜂鸣器和无源蜂鸣器。本项目采用有源蜂鸣器，即带有黑色塑料壳而不是电路板的蜂鸣器。

有源蜂鸣器内置振荡源，所以通电时会发出声音。但无源蜂鸣器没有这种源，所以如果使用直流信号，它不会发出蜂鸣声，需要使用频率在 2 kHz～5 kHz 之间的方波来驱动它。

有源蜂鸣器引脚说明如表 6-6 所示。

表 6-6　有源蜂鸣器引脚说明

引脚名称	说　明
I/O	输入信号
GND	接地引脚
VCC	电源，3.3～6 V

6.2.2　硬件连接

各模块引脚连接如表 6-7 所示。

表 6-7　各模块引脚连接

模　　块	引脚名称	Arduino 开发板引脚
MF RC522 模块	RST	9
	SDA	10
	MOSI	11
	MISO	12
	SCK	13
	VCC	3.3 V
	GND	GND
红外传感器	SIG	4
	VCC	5 V
	GND	GND
舵机	SIG	6
	VCC	5 V
	GND	GND
有源蜂鸣器	SIG	7
	VCC	5 V
	GND	GND
LCD 显示模块	SDA	A1
	SCL	A0
	VCC	5 V
	GND	GND

硬件接线图如图 6.2 所示。

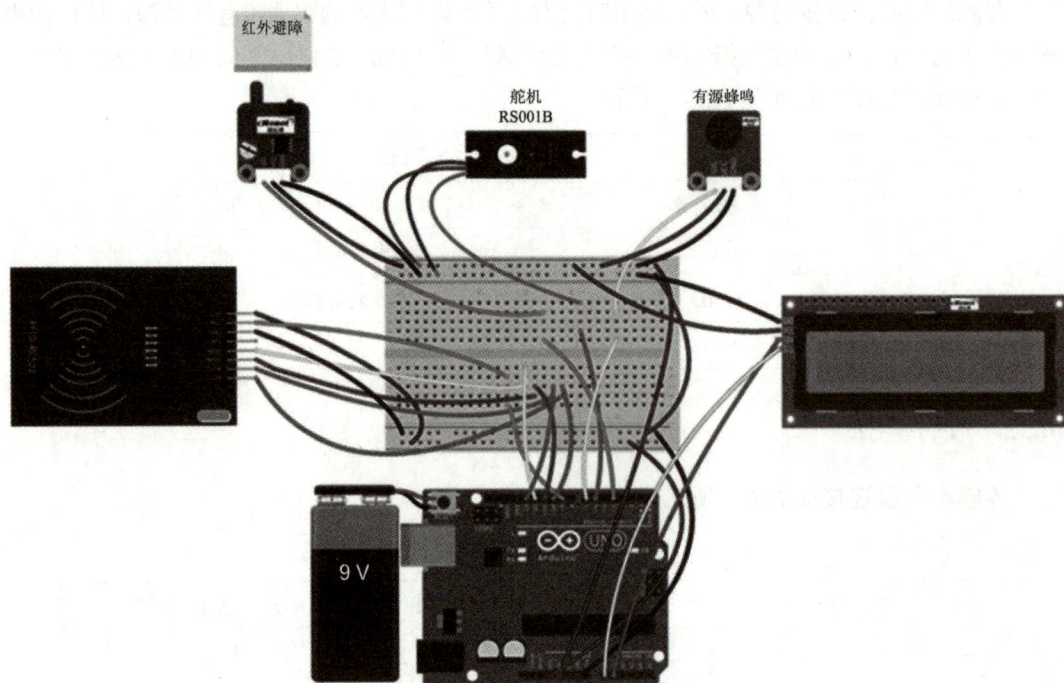

图 6.2　硬件接线图

6.2.3　程序设计

本项目通过使用 Arduino 开发板、舵机、蜂鸣器、RFID 模块和 LCD1602 模块设计一个门禁系统。需要分成两大部分进行设计，即射频卡控制模块和报警系统模块。Arduino 开发板预先授权写入电子门禁卡 ID，当 MF RC522 检测到相匹配的 ID 之后，将读取的信息传输给 Arduino 开发板，并使用 Arduino 开发板对舵机进行控制，使门锁自动打开，同时在 LCD1602 显示屏上面显示出开门人相关信息。报警系统模块使用了红外传感器和蜂鸣器，当门锁没有认证通过，并且红外传感器检测到有红外信号，显示有人进入，蜂鸣器开始工作，从而达到报警的效果。

1. 项目整体框架

项目整体框架如图 6.3 所示。

图 6.3　项目整体框架

2. 项目流程设计

完成相关初始化后，红外传感器、串口、MF RC522 独立获取信息，并传输到 Arduino

开发板进行处理，判断是否达到相应要求，进入相应函数中，执行开门、报警、发送信息等操作。

项目流程如图 6.4 所示，首先系统初始化完成，检测是否有红外人体感应，当检测到有红外人体感应并且没有门禁卡权限而通过的情况，系统驱动蜂鸣器报警，判断有人入侵。当 MF RC522 读取为系统安全的电子标签 ID，即门禁卡为有效卡，则判断为安全进入，旋转舵机，打开门锁，并且显示门禁卡的相关信息至 LCD1602 模块，完成本次开门。系统进入休眠，等待下次红外检测开门动作。

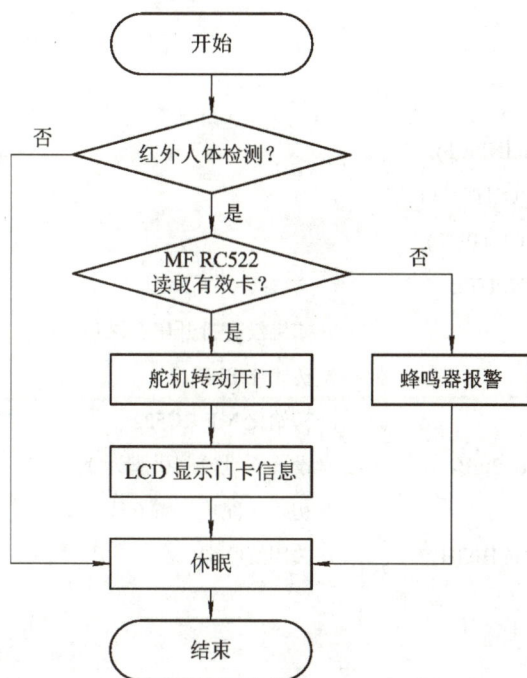

图 6.4 项目流程图

3. 程序代码

程序部分主要代码如下：

```
#include <SPI.h>
#include <MFRC522.h>
#include <Servo.h>
/* 设置卡片 */
String CardInfo[4][2] ={
                   {"63f153ad", "zhangsan"},
                   {"b3ee8d1f", "lisi"},
                   {"ab8058a3", "wangwu"},
                   {"a075f1a2", "xiaojie"},
};
```

```
int MaxNum = 4;                           // 这里存储最大的卡信息数与上面数组保持一致
#define RST_PIN      9                    // RFID 的 RST 引脚
#define SS_PIN       10                   // RFID 的 SDA(SS) 引脚
MFRC522 mfrc522(SS_PIN, RST_PIN);
Servo myservo;
boolean g_boolSuccess = false;            // 刷卡成功标志
boolean HomeFlag=false;                   // 开门成功标志
void setup()
{
    Serial.begin(9600);
    pinMode(digitalInPin,INPUT);
    pinMode(Servo_Pin, OUTPUT);
    pinMode(Beep_Pin, OUTPUT);
    pinMode(avoidPin, INPUT);
    while (!Serial);                      // 如果没有打开串行端口
    SPI.begin();                          // 初始化 SPI
    mfrc522.PCD_Init();                   // 初始化 MF RC522
    myservo.attach(Servo_Pin);            // 设置舵机控制引脚为 3
    myservo.write(0);                     // 初始化舵机位置 0
    digitalWrite(Beep_Pin, HIGH);         // 关闭蜂鸣器
}
void loop()
{
    /*WIFI-RFID 门禁系统 */
    if ( ! mfrc522.PICC_IsNewCardPresent())
    {
        HomeFlag=false;
        return;
    }
    if ( ! mfrc522.PICC_ReadCardSerial())
        return;
    String temp,str;
    for (byte i = 0; i < mfrc522.uid.size; i++)
    {
        str = String(mfrc522.uid.uidByte[i], HEX);
        if(str.length() == 1)
```

```
    {
        str = "0" + str;
    }
    temp += str;
}
Serial.print("Card:" + temp + "\n");          // 查看实际的卡，方便填写数组
/* 将 temp 的信息与存储的卡信息库 CardInfo[4][2] 进行比对 */
for(int i = 0; i < MaxNum; i++)
{
    if(CardInfo[i][0] == temp)
    {
        Serial.print(CardInfo[i][1] + " Open door!\n");
        Serial.print("$RFID-" + CardInfo[i][0] + "-" + CardInfo[i][1] + "-1-0#");
        g_boolSuccess = true;          // 刷卡成功标识
    }
}
if(g_boolSuccess == true)              // 如果刷卡成功
{
    HomeFlag=true;
    Beep_Success();                    // 刷卡成功铃声
    myservo.write(10);
    delay(3000);
    myservo.write(0);
}
else
{
    Beep_Fail();                       // 刷卡失败铃声
}
g_boolSuccess = false;
mfrc522.PICC_HaltA();                  // 停止读写
mfrc522.PCD_StopCrypto1();             // 停止向 PCD 加密
}
```

6.2.4　程序测试

实物连接图如图 6.5 所示。

图 6.5　实物连接图

　　如果 ID 不正确，LCD 将显示字符串"Hello unknown guy"，蜂鸣器报警。如果 ID 正确，LCD 显示"welcome"，蜂鸣器鸣叫以示正确，舵机转动 90°开门。

　　实验现象如图 6.6 所示。

图 6.6　实验现象

本 章 小 结

　　本章的实践项目主要介绍如何通过使用 Arduino 开发板、舵机、蜂鸣器、RFID 模块和 LCD1602 模块设计一个门禁系统。当 MF RC522 检测到相匹配的 ID 之后，将读取的信息传输给 Arduino 开发板，并使用 Arduino 开发板对舵机进行控制，使门锁自动打开，同时在 LCD1602 显示屏上显示开门人相关信息。报警系统模块使用了红外传感器和蜂鸣器，当门锁没有认证通过，并且红外传感器检测到有红外信号，显示有人进入，蜂鸣器开始工作，从而达到报警的效果。

练 习 与 思 考

　　1. RFID 模块有什么特点？RFID 模块的引脚有哪些？完成什么功能？

　　2. LCD1602 模块的引脚有哪些？完成什么功能？

　　3. MF RC522 模块的引脚有哪些？完成什么功能？

　　4. 红外传感器的功能是什么？

　　5. 动手完成本实验项目。

第 7 章

基于 Arduino 的红外遥控智能台灯的设计与实践

本章以设计"基于 Arduino 的红外遥控器智能台灯"为例，介绍红外通信的基本原理。

7.1 设 计 流 程

基于 Arduino 的红外遥控智能台灯的设计流程如下：
(1) 材料准备；
(2) 硬件连接；
(3) 程序设计；
(4) 程序测试。

7.2 设 计 实 施

7.2.1 材料准备

本设计所需材料清单如表 7-1 所示。

表 7-1 材 料 清 单

元器件名称	型 号	数 量	参考实物图
Arduino 开发板	Uno R3	1	

元器件名称	型　号	数　量	参考实物图
面包板	400 无焊板孔	1	
双色 LED 灯	共阴 / 共阳极 双色 LED	1	
红外遥控模块	HX1838	1	
红外避障传感器	TCRT5000	1	
触摸传感器	TTP223	1	
跳线	—	若干	

1. 红外遥控模块

红外接收头为 IC 化的一种受光元件，其内部由光电二极管和集成 IC 共同组合封装而成，其 IC 主要以类比式控制，一般主要接收 38 kHz 的频率红外线，而对其他频率段的红外信号不敏感。红外遥控器可以发出载波为 38 kHz 的频率，红外接收头可接收红外遥控器发过来的信息，从而构成通信。

红外遥控器由红外接收头及发射电路、信号调理电路、中央控制器程序及数据存储器、键盘及状态指示电路组成。红外遥控器是利用一个红外发光二极管，以红外光为载体将按键信息传递给接收端的设备。红外光对于人眼是不可见的，因此使用红外遥控器不会影响人的视觉 (可以打开手机摄像头，遥控器对着摄像头按，可以看到遥控器发出的红外光)。

红外遥控器有学习和控制两种状态。当红外遥控器处于学习状态时，使用者每按一个控制键，红外线接收电路就开始接收外来红外信号，并同时将其转换成电信号，然后经过检波、整形、放大，再由 CPU 定时对其采样，将每个采样点的二进制数据以 8 位为一个单位，分别存放到指定的存储单元中，供以后对该设备进行控制使用。

当红外遥控器处于控制状态时，使用者每按下一个控制键，CPU 从指定的存储单元中可读取一系列的二进制数据，串行输出 (位和位之间的时间间隔等于采样时的时间间隔) 给信号保持电路，同时由调制电路进行信号调制，将调制信号经过放大后，由红外线发射二极管进行发射，从而实现对该键对应设备功能的控制。本项目实验主要是利用红外遥控器的控制状态。该模块包含一个红外遥控器和红外接收头。

红外遥控器按键对应的码值表如图 7.1 所示。

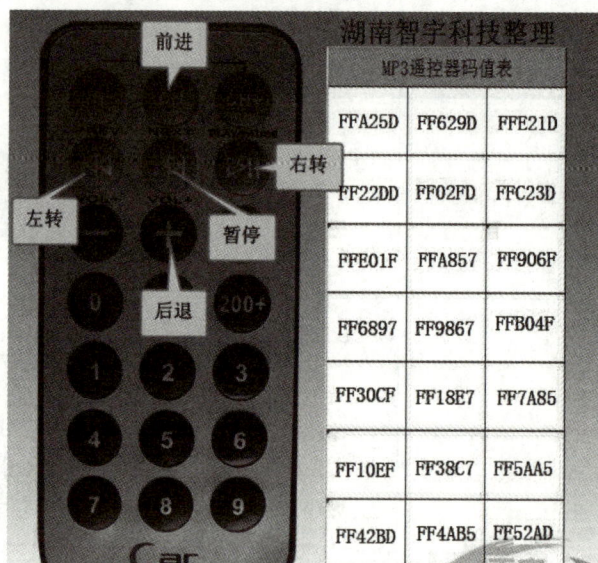

图 7.1　红外遥控器按键对应的码值表

红外遥控模块引脚说明如表 7-2 所示。

表 7-2　红外遥控模块引脚说明

引脚名称	说　明
D0	信号输入
GND	接地引脚
VCC	电源，3.3～6 V

2. 红外传感器

红外传感器的实验原理与引脚说明参见 6.2.1 节，在此不再赘述。

3. 触摸传感器

触摸传感器也称为触觉传感器，对触摸、力或压力较敏感，它们是最简单且有用的传感器之一。触摸传感器的工作类似于简单的开关，当与触摸传感器的表面接触时，传感器内部的电路闭合并且有电流流动，如图 7.2 所示。当触点松开时，电路断开，没有电流流过，如图 7.3 所示。

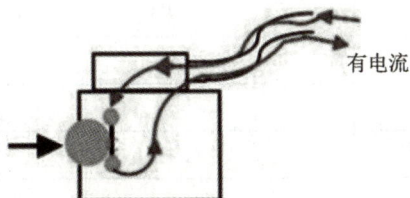

图 7.2　触摸时的电流情况　　　　　　　图 7.3　无触摸时的电流情况

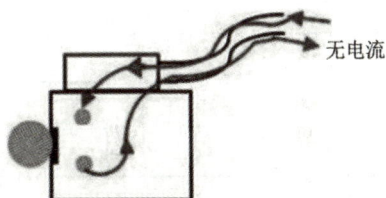

触摸传感器主要包括电容式触摸传感器和电阻式触摸传感器。下面分别对两种传感器进行介绍。

(1) 电容式触摸传感器。电容式触摸传感器广泛应用于大多数便携式设备，如手机和 MP3 播放器。电容式触摸传感器甚至可以在家用电器、汽车和工业应用中找到，这得益于它的耐用性、坚固性及具有吸引力的外观设计。在电容式触摸传感器中，电极代表电容器的极板。传感器电极连接到测量电路并定期测量电容，如果导电物体接触或接近传感器电极，输出电容会增加，测量电路将检测电容的变化并将其转换为触发信号。人的手指可以形成触摸电容，引发电容变化。

(2) 电阻式触摸传感器。电阻式触摸传感器的使用时间比电容式触摸传感器更长，因为它们是简单的控制电路。电阻式触摸传感器不依赖于电容的电气特性，因此，电阻式触摸传感器可以适应非导电材料，如触控笔和手套包裹的手指。与测量电容的电容式触摸传感器相比，电阻式触摸传感器感应表面上的压力。电阻式触摸传感器由两个由小间隔点隔开的导电层组成。底层由玻璃或薄膜制成，顶层由薄膜制成。导电材料涂有金属薄膜，一般为氧化铟锡，本质上是透明的。在导体表面施加电压，当使用任何探针 (如手指、触控笔、钢笔等) 在传感器的顶部薄膜上施加压力时，它会激活传感器。当施加足够的压力时，顶部薄膜向内弯曲并与底部薄膜接触。这会导致电压降，形成触发信号。本项目实验中采用的传感器为电容式触摸传感器。

触摸传感器模块引脚说明如表 7-3 所示。

表 7-3　触摸传感器模块引脚说明

引脚名称	说　明
SIG	信号输入引脚
GND	接地引脚
VCC	电源，3.3～6 V

7.2.2 硬件连接

各模块引脚连接如表 7-4 所示。

表 7-4 各模块引脚连接

模块及元件	引脚名称	Arduino 开发板引脚
双色 LED 灯	R	11
	G	悬空
	GND	GND
红外传感器	OUT	4
	VCC	5 V
	GND	GND
红外遥控模块	D0	7
	VCC	5 V
	GND	GND
触摸传感器	SIG	8
	VCC	5 V
	GND	GND

硬件连接图如图 7.4 所示。

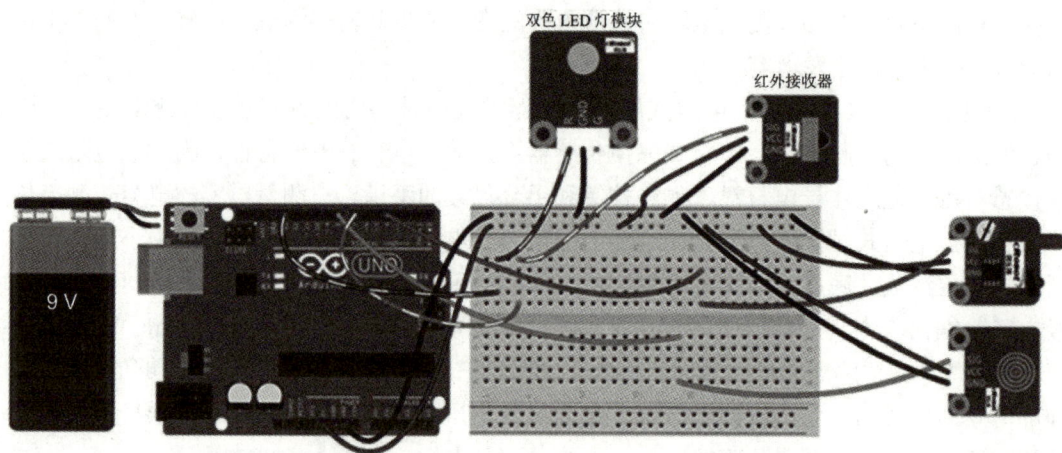

图 7.4 硬件连接图

7.2.3 程序设计

本实验项目中通过红外遥控器控制某个按键。按下按键时，红外线将从红外遥控器发出，并由红外接收头接收，红外接收头与 Arduino 开发板相连，同时 Arduino Uno 板的 I/O 口上接入双色 LED 灯模拟台灯开关场景。Arduino 开发板通过判断来自红外遥控器的红外信号控制双色 LED 灯的亮灭。同时为了实现检测环境周围有人时台灯自动点亮的功能，还需要安装红外传感器。当红外传感器检测到周围有红外反射信号时，点亮双色 LED 灯；如果持续检测到没有人体红外信号时，则自动关闭双色 LED 灯。为了实现物理开关功能，还需增加一个触摸传感器，实现手动触摸开关，开启或者关闭双色 LED 灯。

1. 项目整体框架

项目整体框架如图 7.5 所示，其中信号源为红外遥控信号、红外反射信号以及触摸信号，信号接收器分别为红外接收头、红外传感器以及触摸开关模块。主控中心为 Arduino 开发板。台灯模拟元器件为双色 LED 灯。

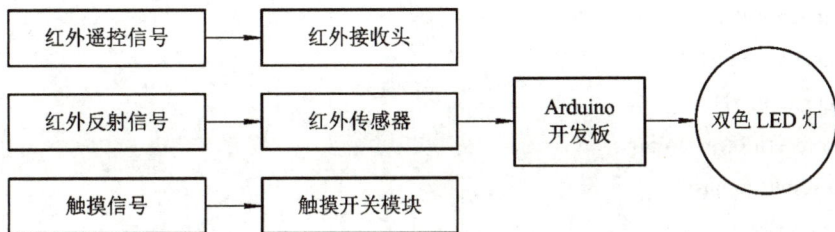

图 7.5　项目整体框架

2. 项目流程设计

系统初始化相关外设接口，主循环中依次检测相关信号：红外遥控信号、红外反射信号以及触摸信号，当检测到相应的信号时，进入对应的函数内部进行处理。项目流程如图 7.6 所示。

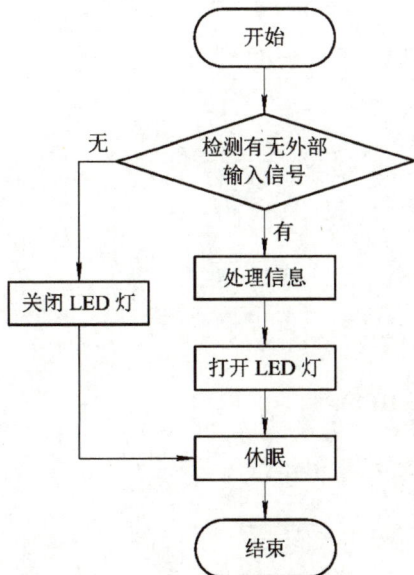

图 7.6　项目流程图

Arduino 主控板初始化完成，进入主循环检测相关信号，包含以下三种检测事件。事件 1 为当红外接收头检测到红外遥控信号时，读取红外接收信号编码，根据不同按键编码设置不同颜色或者亮度，控制双色 LED 灯的相关亮度或者颜色。事件 2 为当检测到外部信号为红外反射信号时，相关 I/O 口为低电平，说明检测到有人经过，此时打开 LED 灯，持续检测该 I/O 口信号，当超过一段时间为高电平，说明周围无相关人员活动，即可关闭 LED 灯。事件 3 为当检测到触摸信号时，触摸开关模块有输入，打开 LED 灯，当再次检测到有输入脉冲时，即可关闭 LED 灯。三种检测事件需要设立标志位，且可独立运行，互不干涉检测和控制。

3. 程序代码

程序部分代码如下：

```cpp
#include <IRremote.h>
const int irReceiverPin =7;
const int SensorPin=8;
const int avoidPin =4;
const int redPin =11;
IRrecv irrecv(irReceiverPin);
decode_results results;
int SensorState=0;
void setup()
{
  pinMode(avoidPin,INPUT);
  pinMode(SensorPin,INPUT);
  pinMode(redPin,OUTPUT);
  Serial.begin(9600);
  irrecv.enableIRIn();
}
void loop()
{
  // 红外遥控模块
  if (irrecv.decode(&results))
  {
    Serial.print("irCode: ");
    Serial.print(results.value, HEX);
    Serial.print(", bits: ");
    Serial.println(results.bits);
    irrecv.resume();
  }
  delay(600);
  boolean avoidVal = digitalRead(avoidPin);
  if(results.value == 0xFFA25D &&avoidVal== LOW)       // 如果接收的值为 0xFFA25D
  {
    analogWrite(redPin,255);                           // 点亮红灯
```

```
    delay(1000);
}
else
{
    analogWrite(redPin,0);                          // 关闭红灯
}
// 人为控制模块
SensorState=digitalRead(SensorPin);
Serial.println( SensorState);
if(SensorState==HIGH)
{
    analogWrite(redPin,255);                        // 点亮红灯
}
else
{
    analogWrite(redPin,0);                          // 关闭红灯
}
    delay(1000);
}
```

7.2.4 程序测试

实物连接图如图 7.7 所示。

图 7.7 实物连接图

串口显示如图 7.8 所示。

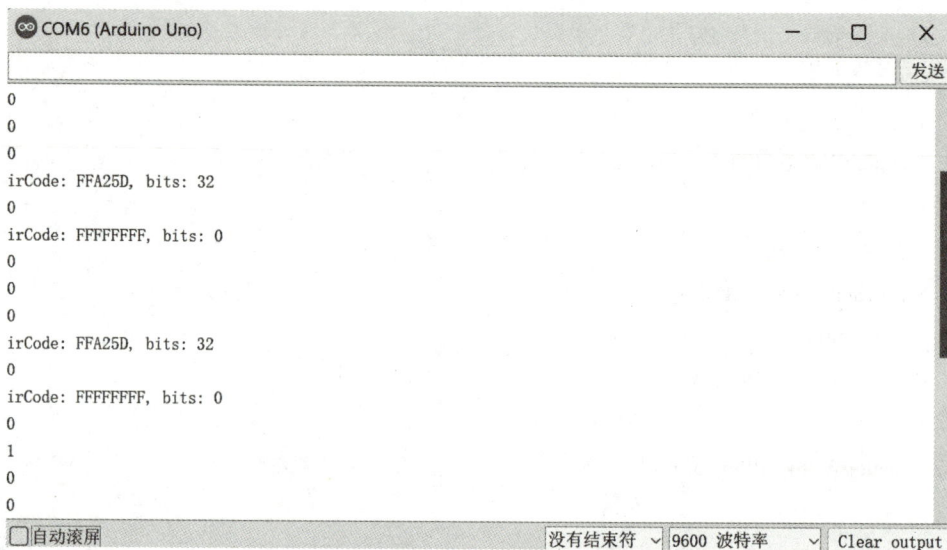

图 7.8　串口显示

当按键为 CH- 键并且探测到有人时，红灯被点亮；为进一步增加功能，保持了人为触摸即可打开红灯功能。实验现象如图 7.9 所示。

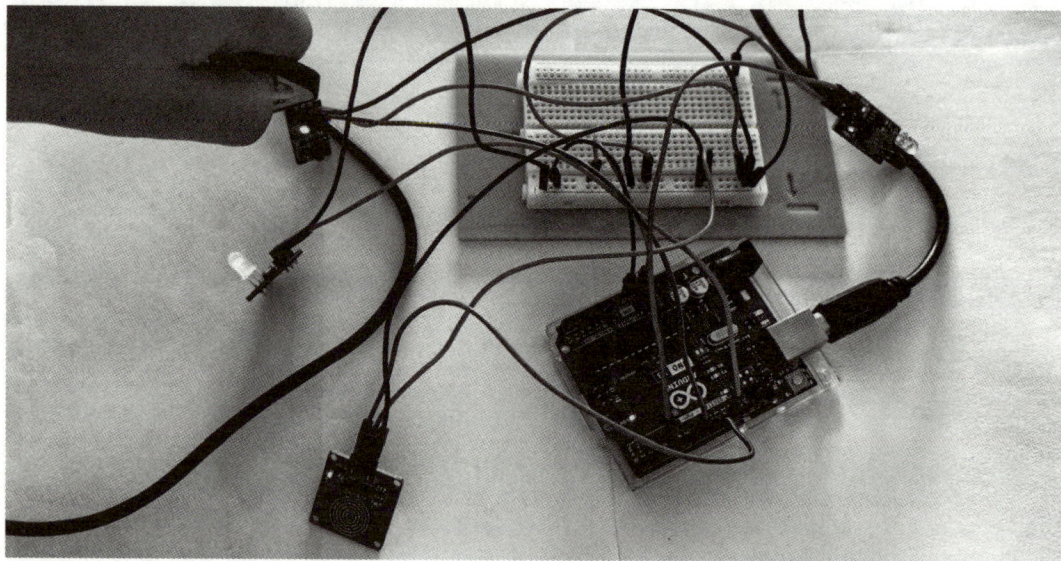

图 7.9　实验现象

本 章 小 结

本章的实践项目主要介绍了如何使用红外遥控器控制某个按键。按下按键时，红外线将从红外遥控器发出，并由红外接收头接收，红外接收头与 Arduino 开发板相连，同时

Arduino Uno 板的 I/O 口接入双色 LED 灯模拟台灯开关场景，Arduino 开发板通过判断来自红外遥控器的红外信号控制双色 LED 灯的亮灭。同时为了实现检测环境周围有人时台灯自动点亮的功能，还需要安装红外传感器。当红外传感器检测到周围有红外反射信号时，点亮双色 LED 灯，如果持续检测到没有人体红外信号，则自动关闭双色 LED 灯。为了实现物理开关，还需增加一个触摸传感器，实现手动触摸开关，开启或者关闭双色 LED 灯。

练习与思考

1. 红外传感器与红外遥控器的区别是什么？
2. 触摸传感器的引脚有哪些？它们分别完成什么功能？
3. 动手完成本实验项目。

第 8 章

基于 Arduino 的 Wi-Fi 远程控制的设计与实践

本章以设计"基于 Arduino 的 Wi-Fi 远程控制"为例，介绍蓝牙的通信原理。

8.1 设 计 流 程

基于 Arduino 的 Wi-Fi 远程控制的设计流程如下：

(1) 材料准备；

(2) 硬件连接；

(3) 程序设计；

(4) 程序测试。

8.2 设 计 实 施

8.2.1 材料准备

本设计所需材料清单如表 8-1 所示。

表 8-1 材 料 清 单

元器件名称	型 号	数 量	参考实物图
Arduino 开发板	Uno R3	1	

续表

元器件名称	型　号	数　量	参考实物图
面包板	400 无焊板孔	1	
RFID 模块	MF RC522	1	
舵机	SG90	1	
有源蜂鸣器	MH-FMD	1	
Wi-Fi 远程控制模块	Arduino-WiFi	1	
双色 LED 灯	共阴 / 共阳极 双色 LED	1	
跳线	—	若干	

1. 舵机

舵机的实验原理与引脚说明参见 6.2.1，在此不再赘述。

2. RFID 模块

RFID 的实验原理与引脚说明参见 6.2.1，在此不再赘述。

3. 双色 LED 灯

双色 LED 灯的实验原理与引脚说明参见 5.2.1，在此不再赘述。

4. 有源蜂鸣器

有源蜂鸣器的实验原理与引脚说明参见 6.2.1，在此不再赘述。

5. Wi-Fi 远程控制模块

Wi-Fi 远程控制模块有两种模式，一种是局域模式；另一种是远程模式。在局域模式下，Wi-Fi 远程控制模块相当于一个无线接入点 (AP)，会产生一个热点，这个热点就是我们 Wi-Fi 远程控制模块的 ID 号；在远程模式下，使用 Wi-Fi 远程控制模块、手机连接到同一个无线路由器，便可以实现由手机 APP 控制相应的传感器。连接成功的显示图如图 8.1 所示。

Wi-Fi 远程控制模块引脚说明如表 8-2 所示。

图 8.1　Wi-Fi 远程控制模块连接成功显示图

表 8-2　Wi-Fi 远程控制模块引脚说明

引脚名称	说　明
RXD	接收引脚
TXD	发送引脚
GND	接地
VCC	电源

8.2.2　硬件连接

各模块引脚连接如表 8-3 所示。

表 8-3　各模块引脚连接

模　块	引脚名称	Arduino 开发板引脚
MF RC522 模块	RST	9
	SDA	10
	MOSI	11
	MISO	12
	SCK	13
	VCC	3.3 V
	GND	GND

续表

模　块	引脚名称	Arduino 开发板引脚
双色 LED 灯	R	A0
	G	A1
	GND	GND
舵机	SIG	6
	VCC	5 V
	GND	GND
有源蜂鸣器	SIG	7
	VCC	5 V
	GND	GND
Wi-Fi 远程控制模块	TXD	RXD(0)
	RXD	TXD(1)
	VCC	5 V
	GND	GND

硬件接线图如图 8.2 所示。

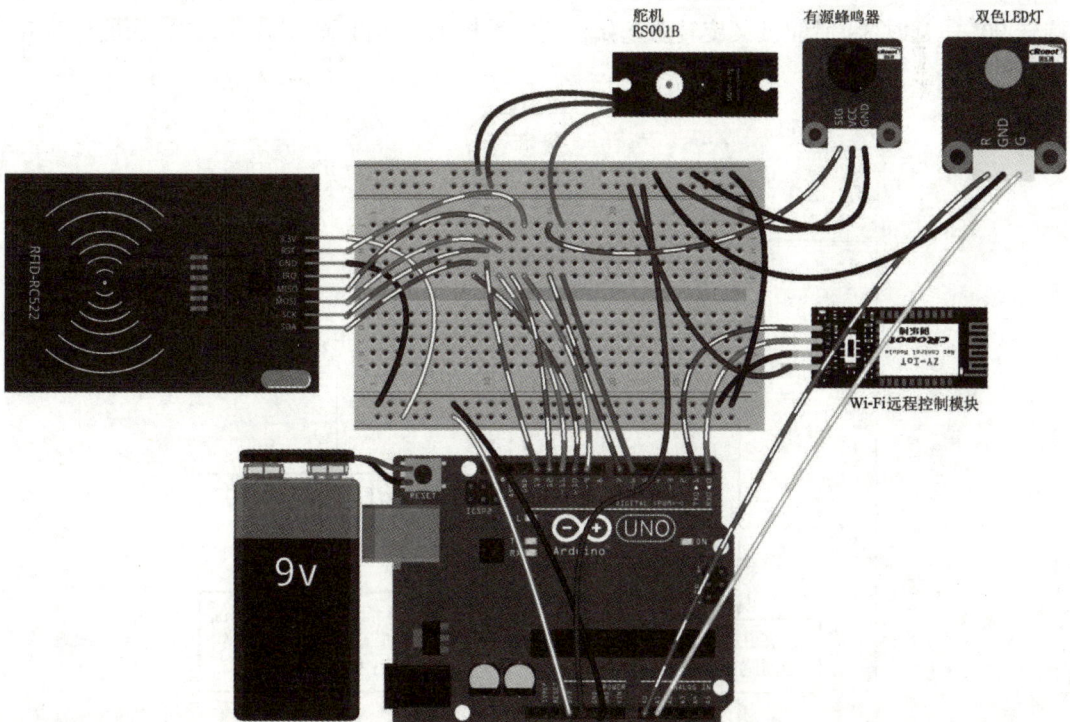

图 8.2　硬件接线图

8.2.3　程序设计

本项目利用 Wi-Fi 远程控制模块来实现通过手机远程控制 RFID 门禁系统：当使用录入

的 RFID 钥匙标签时，双色 LED 灯的绿灯亮，蜂鸣器鸣叫 3 声，舵机旋转 90°，延时 3 s 后舵机又旋转至起始位置，手机上的 APP 画面显示 RFID 钥匙标签 ID 号、刷卡时间，门打开；当读取的是其他 RFID 钥匙标签号时，双色 LED 灯的红灯亮，蜂鸣器鸣叫一声，时间持续 1.5 s，以示报警舵机不会旋转，手机上的 APP 画面不会显示 RFID 钥匙标签 ID 号，门关闭。

1. 项目整体框架

项目整体框架如图 8.3 所示。

图 8.3　项目整体框架

2. 项目流程设计

完成相关初始化后，MF RC522 获取信息，并传输到 Arduino 开发板进行处理，判断是否达到相应要求，并进入相应函数中，执行开门、报警、发送信息等操作。

项目流程如图 8.4 所示，首先系统初始化完成，检测是否有刷卡信息，当检测到有刷卡信息并且具有门禁卡权限通过的情况，双色 LED 灯的绿灯亮，蜂鸣器鸣叫 3 声，舵机旋转 90°。延时 3 s 后舵机又旋转至起始位置，手机上的 APP 画面显示 RFID 钥匙标签 ID 号，门打开。

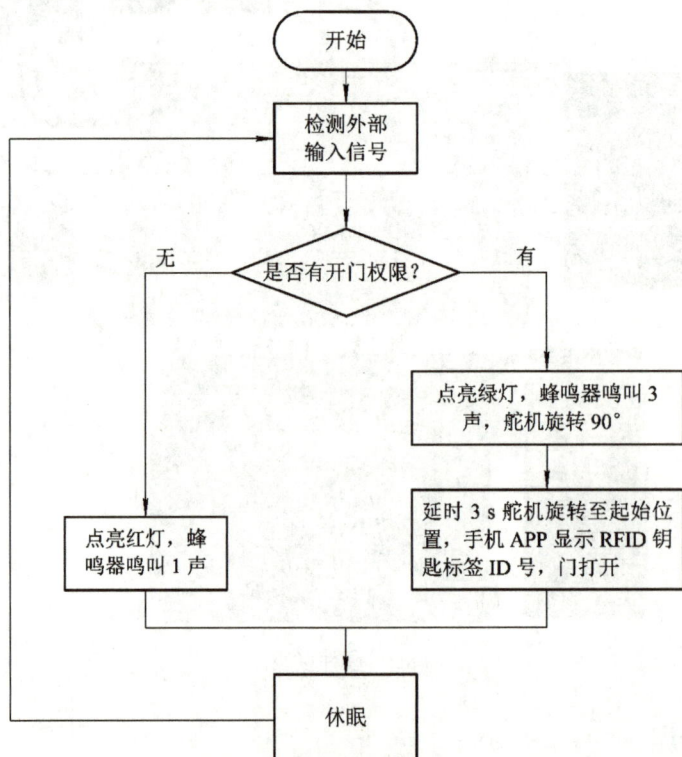

图 8.4　项目流程图

当读取的是其他 RFID 钥匙标签号时，双色 LED 灯的红灯亮，蜂鸣器鸣叫一声，时间持续 1.5 s，舵机不会旋转，手机上的 APP 画面不会显示 RFID 钥匙标签 ID 号，门关闭。系统进入休眠，等待下次刷卡动作。

3. 程序代码

主要程序代码如下：

```
#include <SPI.h>
#include <MFRC522.h>
#include <Servo.h>
String CardInfo[4][2] ={
    {"07531b26", "zhangsan"},
    {"8f3d0329", "lisi"},
    {"ab8058a3", "xiaoming"},
    {"a075f1a2", "xiaojie"},
};
int MaxNum = 4;
#define Servo_Pin      6
#define Beep_Pin       7
#define LED_RED        A0
#define LED_Green      A1
#define RST_PIN        9
#define SS_PIN         10
MFRC522 mfrc522(SS_PIN, RST_PIN);
MFRC522::MIFARE_Key key;
Servo myservo;
boolean g_boolSuccess = false;              // 刷卡成功标识
int incomingByte = 0;                       // 接收到的数据
String inputString = "";
boolean newLineReceived = false;
boolean startBit  = false;
String returntemp = "";
// 定义刷卡成功铃声函数
void Beep_Success()
{
  for(int i = 0; i < 3; i++)
  {
    digitalWrite(Beep_Pin, LOW);
    delay(100);
    digitalWrite(Beep_Pin, HIGH);
```

```
        delay(100);
    }
}
// 刷卡失败铃声
void Beep_Fail()
{
    digitalWrite(Beep_Pin, LOW);
    delay(1500);
    digitalWrite(Beep_Pin, HIGH);
}
void setup()
{
    Serial.begin(9600);
    pinMode(Servo_Pin, OUTPUT);
    pinMode(Beep_Pin, OUTPUT);
    pinMode(LED_RED, OUTPUT);
    pinMode(LED_Green, OUTPUT);
     while (!Serial);
    SPI.begin();
    mfrc522.PCD_Init();
    myservo.attach(Servo_Pin);
    myservo.write(0);
    digitalWrite(Beep_Pin, HIGH);
    digitalWrite(LED_RED, HIGH);
    digitalWrite(LED_Green, LOW);
}
void loop() {
    while (newLineReceived)
    {
        if(inputString.indexOf("RFID") == -1)
        {
            returntemp = "$RFID-2#";
            Serial.print(returntemp);
            inputString = "";
            newLineReceived = false;
            break;
        }
        if(inputString[12] == '1')                    // 远程开门
        {
```

```
            digitalWrite(LED_RED, LOW);          // 关闭红灯
            digitalWrite(LED_Green, HIGH);        // 打开绿灯
            Beep_Success();                       // 刷卡成功铃声
            myservo.write(90);
            delay(3000);
            myservo.write(0);
            digitalWrite(LED_RED, HIGH);          // 打开红灯
            digitalWrite(LED_Green, LOW);         // 关闭绿灯
        }
        if(inputString[12] == '2')                // 远程关门
        {
            digitalWrite(LED_RED, LOW);           // 关闭红灯
            digitalWrite(LED_Green, HIGH);        // 打开绿灯
            Beep_Success();                       // 刷卡成功铃声
            myservo.write(0);
            delay(3000);
            myservo.write(90);
            digitalWrite(LED_RED, HIGH);          // 打开红灯
            digitalWrite(LED_Green, LOW);         // 关闭绿灯
        }
        inputString = "";
        newLineReceived = false;
    }
    /* 寻找新的卡片 */
    if ( ! mfrc522.PICC_IsNewCardPresent())
        return;
    /* 选择一张卡片 */
    if ( ! mfrc522.PICC_ReadCardSerial())
        return;
    /* 显示 PICC 的信息，将卡的信息写入 temp */
    String temp,str;
    for (byte i = 0; i < mfrc522.uid.size; i++)
    {
        str = String(mfrc522.uid.uidByte[i], HEX);
        if(str.length() == 1)
        {
            str = "0" + str;
        }
        temp += str;
```

```
    }
    Serial.print("Card:" + temp + "\n");                // 查看实际的卡
    /* 将 temp 的信息与存储的卡信息库 CardInfo[4][2] 进行比对 */
    for(int i = 0; i < MaxNum; i++)
    {
        if(CardInfo[i][0] == temp)
        {
            Serial.print("$RFID-" + CardInfo[i][0] + "-" + CardInfo[i][1] + "-1-0#");
            g_boolSuccess = true;
        }
    }
    /* 刷卡成功 */
    if(g_boolSuccess == true)
    {

        digitalWrite(LED_RED, LOW);
        digitalWrite(LED_Green, HIGH);
        Beep_Success();
        myservo.write(90);
        delay(3000);
        myservo.write(0);
    }
    /* 刷卡失败 */
    else
    {

        Beep_Fail();
        digitalWrite(LED_RED, LOW);
    }
    digitalWrite(LED_RED, HIGH);
    digitalWrite(LED_Green, LOW);
    g_boolSuccess = false;
    mfrc522.PICC_HaltA();
    mfrc522.PCD_StopCrypto1();
}
void serialEvent()
{
    while (Serial.available())
    {
        incomingByte = Serial.read();
```

```
    if(incomingByte == '$')
    {
       startBit= true;
    }
    if(startBit == true)
    {
        inputString += (char) incomingByte;
    }
    if (incomingByte == '^')
    {
        newLineReceived = true;
        startBit = false;
    }
  }
}
```

8.2.4　程序测试

实物连接图如图 8.5 所示。

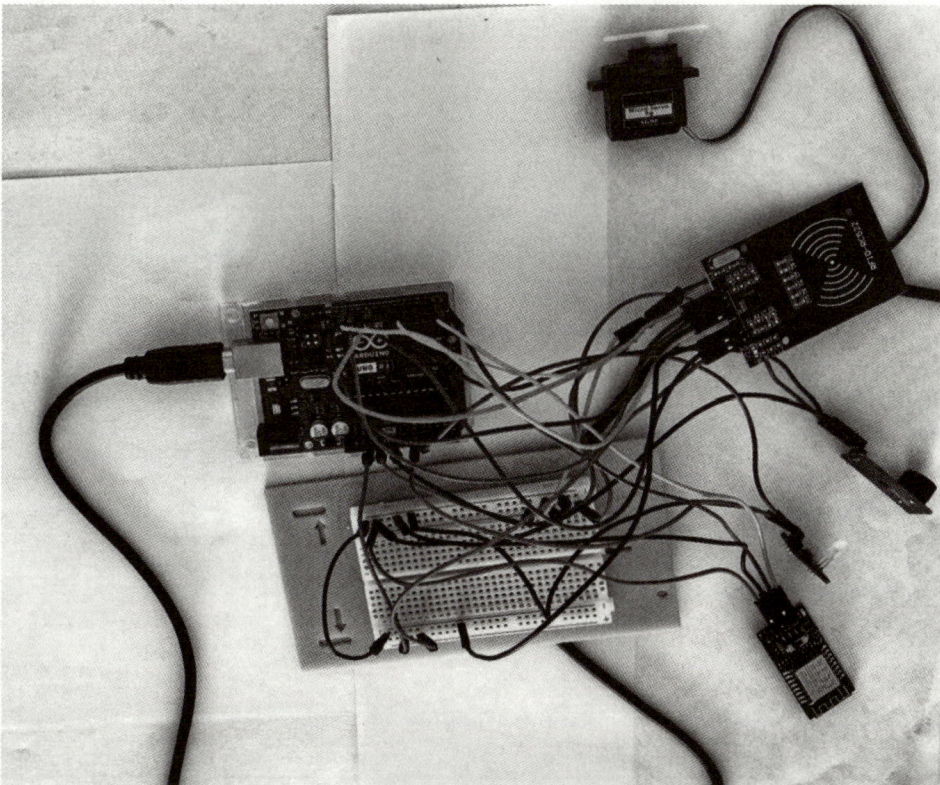

图 8.5　实物连接图

RFID 中的标签进入磁场后，会接收到读写器发出的射频信号，凭借感应电流所获得的能量发送出存储在芯片中的产品信息，或者主动发送某一频率的信号，读写器读取信息并解码后，送至中央信息系统进行有关数据处理。

实验现象如图 8.6～图 8.8 所示。

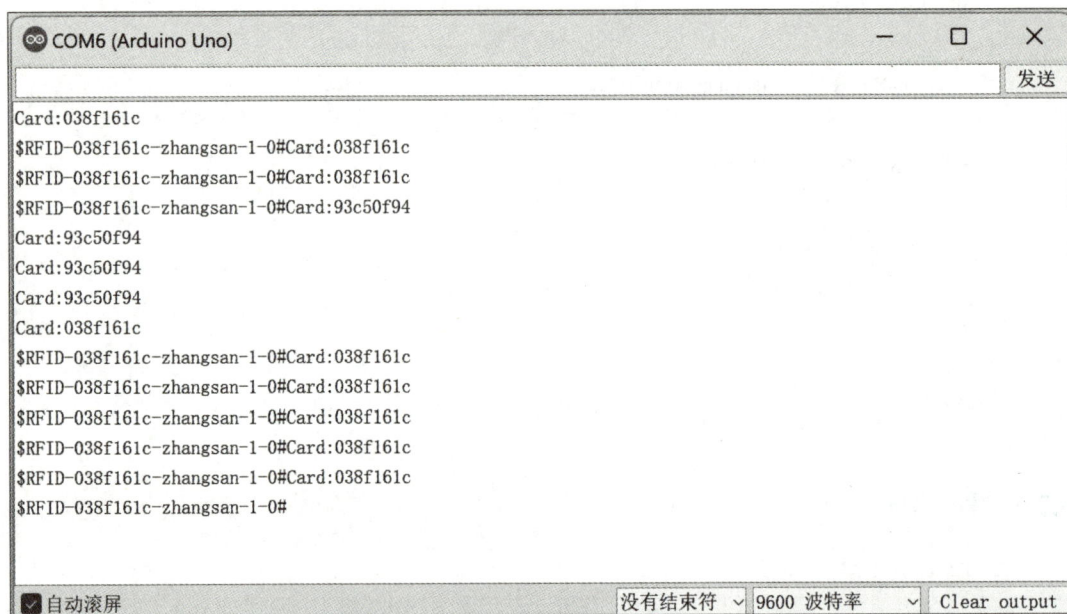

```
COM6 (Arduino Uno)                                    —    □    ×
                                                              发送
Card:038f161c
$RFID-038f161c-zhangsan-1-0#Card:038f161c
$RFID-038f161c-zhangsan-1-0#Card:038f161c
$RFID-038f161c-zhangsan-1-0#Card:93c50f94
Card:93c50f94
Card:93c50f94
Card:93c50f94
Card:038f161c
$RFID-038f161c-zhangsan-1-0#Card:038f161c
$RFID-038f161c-zhangsan-1-0#Card:038f161c
$RFID-038f161c-zhangsan-1-0#Card:038f161c
$RFID-038f161c-zhangsan-1-0#Card:038f161c
$RFID-038f161c-zhangsan-1-0#Card:038f161c
$RFID-038f161c-zhangsan-1-0#

☑ 自动滚屏              没有结束符 ∨  9600 波特率  ∨  Clear output
```

图 8.6　实验现象一

图 8.7　实验现象二

卡 号	用户名	时 间	门状态
038f161c	zhangsan	2023年11月28日 12:34:29	门开
038f161c	zhangsan	2023年11月28日 12:34:33	门开

图 8.8　实验现象三

本 章 小 结

　　本章的实践项目主要介绍如何利用 Wi-Fi 远程控制模块来实现通过手机远程控制 RFID 门禁系统：当使用录入的 RFID 钥匙标签时，双色 LED 灯的绿灯亮，蜂鸣器鸣叫 3 声，舵机旋转 90°，延时 3 s 后舵机又旋转至起始位置，手机上的 APP 画面显示 RFID 钥匙标签 ID 号、刷卡时间，门打开；当读取的是其他 RFID 钥匙标签号时，双色 LED 灯的红灯亮，蜂鸣器鸣叫一声，时间持续 1.5 s，以示报警舵机不会旋转，手机上的 APP 画面不会显示 RFID 钥匙标签 ID 号，门关闭。

练习与思考

　　1. Wi-Fi 远程控制模块的引脚有哪些？能完成什么功能？
　　2. 舵机用来完成什么功能？
　　3. 蜂鸣器模块用来完成什么功能？
　　4. 动手完成本实验项目。

第9章

基于 Arduino 的智能家居系统的设计与实践

本章以设计"基于 Arduino 的智能家居系统设计与实践"为例，介绍物联网中智能家居系统的设计过程。

9.1 设计流程

基于 Arduino 的智能家居系统设计与实现的流程如下：

(1) 材料准备；

(2) 硬件连接；

(3) 程序设计；

(4) 程序测试。

9.2 设计实施

9.2.1 材料准备

本设计所需材料清单如表 9-1 所示。

表9-1 材料清单

元器件名称	型号	数量	参考实物图
Arduino 开发板	Uno R3	1	

元器件名称	型　号	数　量	参考实物图
面包板	400 无焊板孔	1	
温湿度传感器	DHT11	1	
时钟模块	DS1302	1	
LCD 显示模块	I²C LCD1602	1	
光敏传感器	灵敏型光敏电阻传感器	1	
跳线	—	若干	

1. 光敏传感器

光敏传感器实际上是一个光敏电阻，电阻值随着光强的变化而改变，可以用来制作光控开关。其主要有以下特点：

(1) 光敏电阻模块对环境光线敏感，一般用来检测周围环境光线的亮度，触发单片机或继电器模块等。

(2) 模块在环境光线亮度达不到设定阈值时，D0 端输出高电平；当外界环境光线亮度超过设定阈值时，D0 端输出低电平。

(3) D0 输出端可以与单片机直接相连，通过单片机来检测高低电平，由此来检测环境的光线亮度改变。

(4) D0 输出端可以直接驱动继电器模块，由此可以组成一光控开关。

(5) 模拟量输出 A0 可以和 AD 模块相连，通过 AD 转换，可以获得环境光强更准确的数值。

光敏传感器引脚说明如表 9-2 所示。

表 9-2　光敏传感器引脚说明

引　脚	说　明
VCC	电源
GND	接地引脚
D0	TTL 开关信号输出
A0	模拟信号输出

2. 温湿度传感器

温湿度传感器 DHT11 是一种复合传感器，包含温度和湿度传感器及湿度的校准数字信号输出。它采用专门的数字模块采集技术和数字温湿度传感技术，确保产品具有高可靠性和优异的长期稳定性。该温湿度传感器包含一个电阻湿感元件和一个负温度系数 (Negative Temperature Cofficient，NTC) 温度测量设备，并与一个高性能 8 位数控制器连接。它具有以下特点：

(1) 在 0℃时，湿度测量范围为 30%～90% RH(相对湿度)。

(2) 在 25℃ (常温) 时，湿度测量范围为 20%～90% RH。

(3) 在 50℃时，湿度测量范围会进一步缩小到 20%～80% RH。

(4) 此外，DHT11 的湿度测量精度为 ±5% RH，即测量值与实际值之间可能存在最多 5% 的误差。这意味着，在 DHT11 的湿度测量范围内，其测量值与实际湿度值之间的偏差不会超过 5%。

(5) 工作电压为 3.3～5 V。

(6) 输出形式为数字输出。

温湿度传感器 DHT11 引脚说明如表 9-3 所示。

表 9-3　温湿度传感器 DHT11 引脚说明

引　脚	说　明
VCC	电源
GND	接地引脚
D0	开关数字量输出接口

3. 时钟模块

DS1302 是 DALLAS 公司推出的涓流充电时钟芯片，内含一个实时时钟 / 日历和 31 字节静态 RAM，通过简单的串行接口与单片机进行通信。实时时钟 / 日历电路提供秒、分、时、日、周、月、年的信息，每月的天数和闰年的天数可自动调整。时钟操作可通过 AM/PM 指示决定采用 24 小时或 12 小时格式。时钟 /RAM 的读 / 写数据以一个字节或多达 31 个字节的字符组方式通信。DS1302 工作时功耗很低，保持数据和时钟信息功率小于 1 mW/h。

时钟模块 DS1302 引脚说明如表 9-4 所示。

表 9-4　时钟模块 DS1302 引脚说明

引　脚	说　明
VCC	电源
GND	接地引脚
CLK	时钟信号
DAT	数据输入输出
RST	复位信号

4. LCD 显示模块

LCD 显示模块的实验原理与引脚说明参见 6.2.1，在此不再赘述。

9.2.2　硬件连接

各模块引脚连接如表 9-5 所示。

表 9-5　各模块引脚连接

元件及引脚		Arduino 开发板引脚
光敏传感器	A0	A0
	D0	悬空
	VCC	3.3 V
	GND	GND
温湿度传感器 DHT11	SIG	8
	VCC	VCC
	GND	GND
时钟模块 DS1302	CLK	7
	DAT	6
	RST	5
	VCC	5 V
	GND	GND

元 件 及 引 脚		Arduino 开发板引脚
LCD1602 显示屏	SDA	A4
	SCL	A5
	VCC	5 V
	GND	GND

硬件接线图如图 9.1 所示。

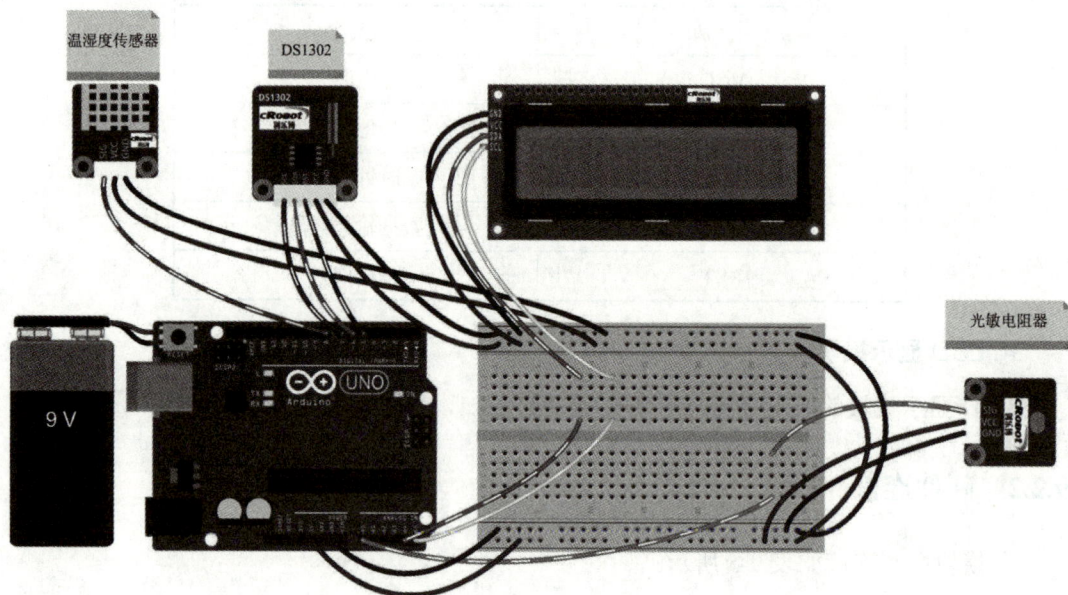

图 9.1　硬件接线图

9.2.3　程序设计

项目设计以 Arduino 开发板为基础，采用 DHT11 温湿度传感器、光敏电阻、LCD1602 显示模块、DS1302 时钟模块设计智能家居系统，达到以下效果：当处于黑夜时，自动打开灯光；当环境温度过高时，会触发系统中开空调的命令，湿度过低时，串口显示开窗帘；每隔一定时间显示温度、湿度、光强、日期、时间和控制模式等信息。

1. 项目整体框架

项目整体框架如图 9.2 所示。

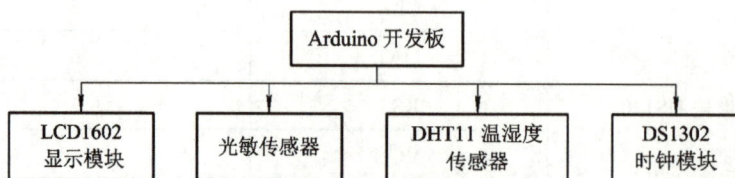

图 9.2　项目整体框架

2. 项目流程设计

项目流程如图 9.3 所示。

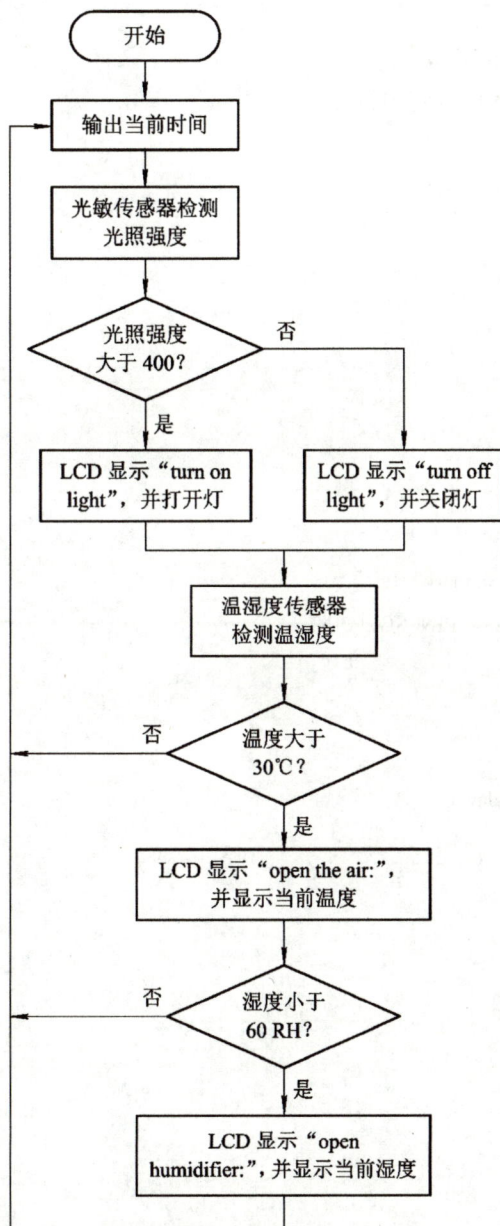

图 9.3　项目流程图

3. 程序代码

主要程序代码如下：

```
#include <dht.h>
#include <LiquidCrystal_I2C.h>
#include <Wire.h>
```

```
#include <stdio.h>
#include <string.h>
#include <DS1302.h>
LiquidCrystal_I2C lcd(0x27,16,2);
const int photocellPin = A0;
const int ledPin = 13;
int outputValue = 0;
dht DHT;
const int DHT11_PIN= 8;
int8_t RST_PIN = 5;
uint8_t SDA_PIN = 6;
uint8_t SCL_PIN = 7;
char buf[50];
char day[10];
String comdata = "";
int numdata[7] ={ 0}, j = 0, mark = 0;
DS1302 rtc(RST_PIN, SDA_PIN, SCL_PIN);
void print_time()
{
    Time t = rtc.time();
    memset(day, 0, sizeof(day));
    switch (t.day)
    {
    case 1:
        strcpy(day, "Sun");
        break;
    case 2:
        strcpy(day, "Mon");
        break;
    case 3:
        strcpy(day, "Tue");
        break;
    case 4:
        strcpy(day, "Wed");
        break;
    case 5:
        strcpy(day, "Thu");
```

```
      break;
   case 6:
      strcpy(day, "Fri");
      break;
   case 7:
      strcpy(day, "Sat");
      break;
   }
      snprintf(buf, sizeof(buf), "%s %04d-%02d-%02d %02d:%02d:%02d", day, t.yr, t.mon, t.date, t.hr, t.min, t.sec);
   Serial.println(buf);
   lcd.setCursor(0,0);
   lcd.print(t.yr);
   lcd.print("-");
   lcd.print(t.mon/10);
   lcd.print(t.mon%10);
   lcd.print("-");
   lcd.print(t.date/10);
   lcd.print(t.date%10);
   lcd.print("");
   lcd.print(day);
   lcd.setCursor(0,1);
   lcd.print(t.hr);
   lcd.print(":");
   lcd.print(t.min/10);
   lcd.print(t.min%10);
   lcd.print(":");
   lcd.print(t.sec/10);
   lcd.print(t.sec%10);
}
void setup()
{
   pinMode(ledPin,OUTPUT);
   Serial.begin(9600);
   rtc.write_protect(false);
   rtc.halt(false);
   lcd.init();
   lcd.backlight();
   Time t(2023, 11, 28, 12, 30, 50, 7);
```

```
        rtc.time(t);
    }
    void loop()
    {
        while (Serial.available() > 0)
        {
            comdata += char(Serial.read());
            delay(2);
            mark = 1;
        }
        if(mark == 1)
        {
            Serial.print("You inputed : ");
            Serial.println(comdata);
            for(int i = 0; i < comdata.length() ; i++)
            {
                if(comdata[i] == ',' || comdata[i] == 0x10 || comdata[i] == 0x13)
                {
                    j++;
                }
                else
                {
                    numdata[j] = numdata[j] * 10 + (comdata[i] - '0');
                }
            }
            Time t(numdata[0], numdata[1], numdata[2], numdata[3], numdata[4], numdata[5], numdata[6]);
            rtc.time(t);
            mark = 0;
            j=0;
            comdata = String("");
            for(int i = 0; i < 7 ; i++) numdata[i]=0;
        }
        print_time();
        delay(2000);
        lcd.clear();
        outputValue =analogRead(photocellPin);
        Serial.println(outputValue);
        if(outputValue >= 400)
```

```
{
  {
      lcd.setCursor(0, 0);
      lcd.print("the light:");
      lcd.print(outputValue,1);
      lcd.setCursor(0, 1);
      lcd.print("turn on light");
      digitalWrite(ledPin,HIGH);
      delay(2000);
      lcd.clear();
  }
}
else
{
      digitalWrite(ledPin,LOW);
      lcd.print("turn off light");
      delay(2000);
      lcd.clear();
  }
D: int chk = DHT.read11(DHT11_PIN);    //read the value returned from sensor
switch (chk)
{
      case DHTLIB_OK:
            break;
      case DHTLIB_ERROR_CHECKSUM:
            break;
      case DHTLIB_ERROR_TIMEOUT:
            goto D;
            break;
            default:
            break;
  }
  if (DHT.temperature>30)
  {
      lcd.setCursor(0, 0);
      lcd.print("open the air: ");
      lcd.setCursor(0, 1);
      lcd.print("T:");
```

```
            lcd.print(DHT.temperature,1);
            lcd.print(char(223));      //print the unit" ℃ "
            lcd.print("C");
            delay(2000);
            lcd.clear();
      }
      if(DHT.humidity<60)
      { lcd.setCursor(0, 0);
            lcd.print("open  humidifier: ");
            lcd.setCursor(0, 1);
            lcd.print("H:");
            lcd.print(DHT.humidity,1);
            lcd.print(" %");
            delay(2000);              //wait a while
      }
      lcd.clear();
      delay(2000);
}
```

9.2.4　程序测试

实物连接图如图 9.4 所示。

图 9.4　实物连接图

实验现象如图 9.5 所示。

图 9.5　实验现象

本 章 小 结

　　本章的实践项目主要介绍如何以 Arduino 开发板为基础，采用 DHT11 温湿度传感器、光敏电阻、LCD1602 显示模块、DS1302 时钟模块设计智能家居系统，达到以下效果：当处于黑夜时，自动打开灯光；当环境温度过高时，会触发系统中开空调的命令，湿度过低时，串口显示开窗帘；每隔一定时间显示温度、湿度、光强、日期、时间和控制模式等信息。

练习与思考

　　1. 光敏传感器有什么特点？引脚有哪些？分别完成什么功能？

　　2. DHT11 温湿度传感器有什么特点？引脚有哪些？分别完成什么功能？

　　3. DS1302 时钟模块的特点是什么？引脚有哪些？分别完成什么功能？

　　4. 动手完成本实践项目。

第 10 章

基于 Arduino 的智慧教室系统的设计与实践

本章以"基于 Arduino 的智慧教室系统设计与实践"为例,介绍智慧教室系统的设计过程。

10.1 设 计 流 程

基于 Arduino 的智慧教室系统的设计流程如下:
(1) 材料准备;
(2) 硬件连接;
(3) 程序设计;
(4) 程序测试。

10.2 设 计 实 施

10.2.1 材料准备

本设计所需材料清单如表 10-1 所示。

表 10-1 材 料 清 单

元器件名称	型　号	数　量	参考实物图
Arduino 开发板	Uno R3	1	

续表一

元器件名称	型　号	数　量	参考实物图
面包板	400 无焊板孔	1	
RFID 模块	MF RC522	1	
舵机	SG90	1	
有源蜂鸣器	MH-FMD	1	
Wi-Fi 远程控制模块	Arduino-WiFi	1	

元器件名称	型　号	数　量	参考实物图
红外避障传感器	TCRT5000	1	
火焰传感器	Grove 火焰传感器	1	
跳线		若干	

1. RFID 模块

RFID 模块的实验原理与引脚说明参见 6.2.1，在此不再赘述。

2. LCD 显示模块

LCD 显示模块的实验原理与引脚说明参见 6.2.1，在此不再赘述。

3. 舵机

舵机的实验原理与引脚说明参见 6.2.1，在此不再赘述。

4. 红外传感器

红外传感器的实验原理与引脚说明参见 6.2.1，在此不再赘述。

5. 有源蜂鸣器

有源蜂鸣器的实验原理与引脚说明参见 6.2.1，在此不再赘述。

10.2.2　硬件连接

各模块引脚连接如表 10-2 所示。

表 10-2　各模块引脚连接

元 件 及 引 脚		Arduino 开发板引脚
MF RC522 模块	RST	9
	SDA	10
	MOSI	11
	MISO	12
	SCK	13
	VCC	3.3 V
	GND	GND
红外传感器	SIG	4
	VCC	5 V
	GND	GND
舵机	SIG	6
	VCC	5 V
	GND	GND
有源蜂鸣器	SIG	7
	VCC	5 V
	GND	GND
Wi-Fi 远程控制模块	TXD	RXD(0)
	RXD	TXD(1)
	VCC	5 V
	GND	GND
火焰传感器	A0	8
	VCC	5 V
	GND	GND

硬件接线图如图 10.1 所示。

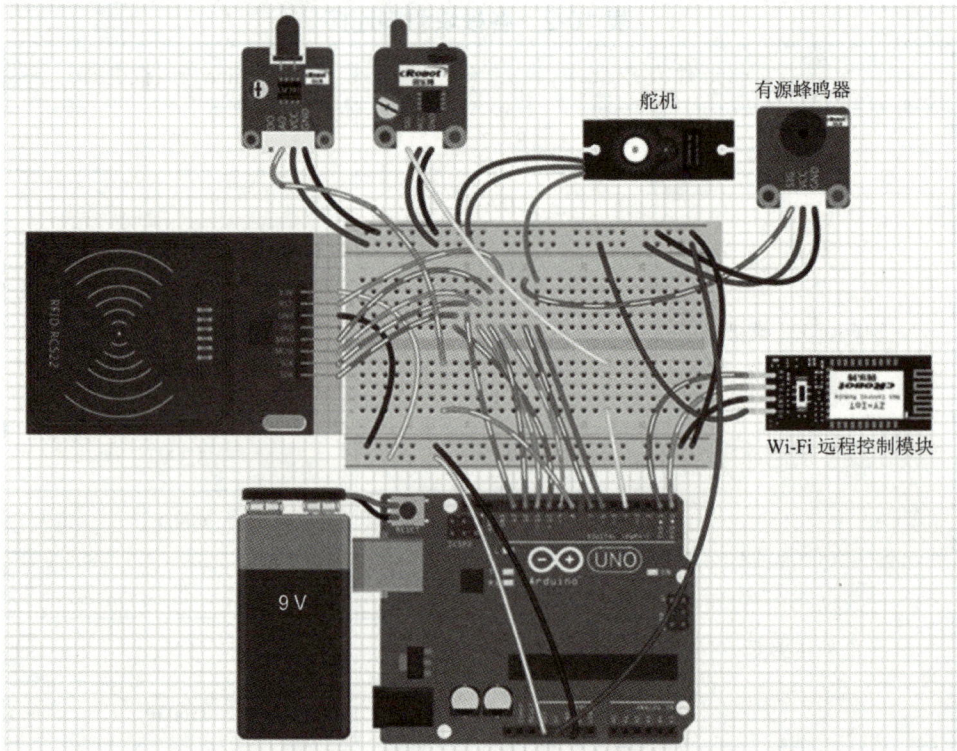

图 10.1　硬件接线图

10.2.3　程序设计

本项目通过使用 Arduino 开发板、RFID 模块、火焰传感器、舵机、红外传感器、Wi-Fi 模块、蜂鸣器设计一个智能化的实验室安全环境监控和报警系统。其采用 RFID 模块实现刷卡，通过舵机转动模拟门锁的闭合，模拟进入实验室；Wi-Fi 控制模块实现在手机端展示是否有人非法闯入，记录门禁系统的开关状态；红外传感器检测是否有人进入实验室，实现非法进入报警功能；火焰传感器检测是否有火灾发生，自动触发报警装置。

1. 项目整体框架

项目整体框架如图 10.2 所示。

图 10.2　项目整体框架

2. 项目流程设计

完成相关初始化后，MF RC522 获取信息，并传输到 Arduino 开发板进行处理，判断是否达到相应要求，进入相应函数中，执行开门、报警、发送信息等操作。

项目流程如图 10.3 所示。

```
                        ┌─────────────┐
                        │    开始     │
                        └──────┬──────┘
                               │
                        ┌──────┴──────┐
                        │   初始化    │
                        └──────┬──────┘
                               │
                     ╱─────────┴─────────╲
                    ╱  检测是否接收到内容? ╲
                    ╲                     ╱
                     ╲─────────┬─────────╱
         等于 1                          等于 2
    ┌──────────────┐              ┌──────────────┐
    │ 远程开门,调用刷卡│              │ 远程关门,调用刷卡│
    │ 成功函数,蜂鸣   │              │ 成功函数,蜂鸣器鸣│
    │ 器鸣叫,舵机旋转 │              │ 叫,舵机旋转至初始│
    │ 至 45°        │              │ 位置          │
    └───────┬──────┘              └───────┬──────┘
            │                             │
      是  ╱─────────────────────╲   否
    ┌────╱  检测是否有人刷卡开     ╲────┐
    │    ╲  门,具有开门权限?       ╱    │
    │     ╲─────────────────────╱     │
┌───┴──────────┐              ┌────────┴────────┐
│调用刷卡成功铃声,舵│              │ 调用刷卡失败铃声  │
│机旋转至 10°,延时3s│              └─────────────────┘
│后返回初始位置    │
└───┬──────────┘
    │
┌───┴──────────┐
│调用火焰与红外监测 │
│函数、报警函数    │
└───┬──────────┘
    │
   是 ╱──────────────╲  否
 ┌──╱ 检测是否发生火灾? ╲──┐
 │  ╲──────────────╱    │
┌┴────────────┐          │
│  蜂鸣器报警   │     是 ╱─────────╲ 否
└─────────────┘    ┌──╱检测是否有人? ╲──┐
                   │  ╲─────────╱     │
              是 ╱────────╲ 否    ┌────┴────┐
            ┌──╱检测是否具有权限?╲──┐ │ 关闭蜂鸣器│
            │  ╲────────╱       │ └─────────┘
       ┌────┴───┐          ┌────┴───┐
       │ 关闭蜂鸣器│          │ 触发报警 │
       └────────┘          └────────┘
```

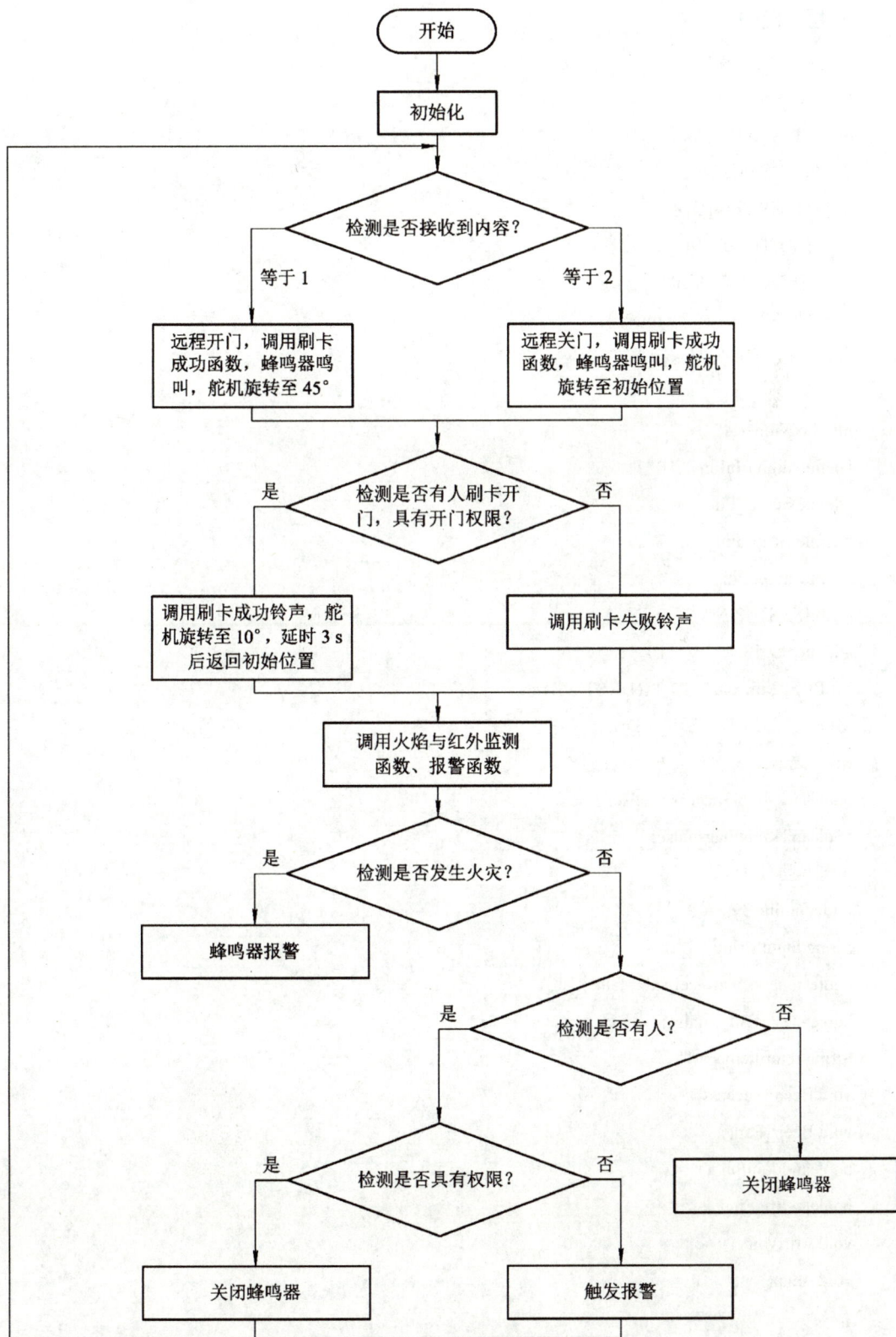

图 10.3　系统流程图

3. 程序代码

主要程序代码如下：

```cpp
#include <SPI.h>
#include <MFRC522.h>
#include <Servo.h>
String CardInfo[4][2] ={
    {"038f161c", "zhangsan"},
    {"b3ee8d1f", "lisi"},
    {"ab8058a3", "xiaoming"},
    {"a075f1a2", "xiaojie"},
};
int MaxNum = 4;
#define digitalInPin    8
#define Servo_Pin       6
#define Beep_Pin        7
#define avoidPin        4
#define RST_PIN         9
#define SS_PIN          10
MFRC522 mfrc522(SS_PIN, RST_PIN);
MFRC522::MIFARE_Key key;
Servo myservo;          /
boolean g_boolSuccess = false;
boolean HomeFlag=false;
/* 通信协议 */
int incomingByte = 0;
String inputString = "";
boolean newLineReceived = false;
boolean startBit = false;
String returntemp = "";
void Beep_Success();
void Beep_Fail();
boolean FlamFind();
boolean IrdaFind();
void ArmVoice();
void setup()
{
    Serial.begin(9600);
```

```
        pinMode(digitalInPin,INPUT);
        pinMode(Servo_Pin, OUTPUT);
        pinMode(Beep_Pin, OUTPUT);
        pinMode(avoidPin, INPUT);
        while (!Serial);
        SPI.begin();
        mfrc522.PCD_Init();
        myservo.attach(Servo_Pin);
        myservo.write(0);
        digitalWrite(Beep_Pin, HIGH);
}
void loop()
{
        WifiRFID();
        FlamFind();
        IrdaFind();
        ArmVoice();
}
/* 刷卡成功 */
void Beep_Success()
{
    for(int i = 0; i < 3; i++)
    {
        digitalWrite(Beep_Pin, LOW);
        delay(100);                         // 延时 100 s
        digitalWrite(Beep_Pin, HIGH);
        delay(100);                         // 延时 100 s
    }
}
/* 刷卡失败 */
void Beep_Fail()
{
        digitalWrite(Beep_Pin, LOW);
        delay(1500);
        digitalWrite(Beep_Pin, HIGH);
}
```

```
/* WIFI-RFID 门禁系统 */
void WifiRFID()
{
/* 远程开门 */
    while (newLineReceived)
    {
        if(inputString.indexOf("RFID") == -1)
        {
            returntemp = "$RFID-2#";
            Serial.print(returntemp);
            inputString = "";
            newLineReceived = false;
            break;
        }
        if(inputString[12] == '1')
        {
            Beep_Success();
            myservo.write(45);
            HomeFlag=true;
        }
/* 远程关门 */
        if(inputString[12] == '2')
        {
            Beep_Success();
            myservo.write(0);
        }
        inputString = "";
        newLineReceived = false;
    }
    /* 本地开门 */
    if ( ! mfrc522.PICC_IsNewCardPresent())
    {
        HomeFlag=false;
        return;
    }
    if ( ! mfrc522.PICC_ReadCardSerial())
```

```
        return;
        String temp,str;
        for (byte i = 0; i < mfrc522.uid.size; i++)
        {
            str = String(mfrc522.uid.uidByte[i], HEX);
            if(str.length() == 1)
            {
                str = "0" + str;
            }
            temp += str;
        }
    Serial.print("Card:" + temp + "\n");
    /* 将 temp 的信息与存储的卡信息库 CardInfo[4][2] 进行比对 */
    for(int i = 0; i < MaxNum; i++)
    {
        if(CardInfo[i][0] == temp)
        {
            Serial.print("$RFID-" + CardInfo[i][0] + "-" + CardInfo[i][1] + "-1-0#");
            g_boolSuccess = true;
        }
    }
    if(g_boolSuccess == true)
    {
        HomeFlag=true;
        Beep_Success();
        myservo.write(10);
        delay(3000);
        myservo.write(0);
    }
    else
    {
        Beep_Fail();
    }
    g_boolSuccess = false;
    mfrc522.PICC_HaltA();
    mfrc522.PCD_StopCrypto1();
```

```
}
/* 火焰报警 */
boolean FlamFind()
{
  boolean stat = digitalRead(digitalInPin);
  return stat;
}
/* 红外模块 */
boolean IrdaFind()
{
  boolean avoidVal = digitalRead(avoidPin);
  return avoidVal;
}
void ArmVoice()
{
if(!FlamFind())                        // 发生火灾
 {
    digitalWrite(Beep_Pin, LOW);       // 打开蜂鸣器
 }
 else
 {
  if(IrdaFind())
  {
digitalWrite(Beep_Pin, HIGH);          // 关闭蜂鸣器
  }
  else
   {
    if(HomeFlag==false)
    tone(Beep_Pin,1000, 10000);        // 触发报警
   }
 }
}
```

10.2.4　程序测试

实物连接图如图 10.4 所示。

图 10.4　实物连接图

实验现象如图 10.5～图 10.8 所示。

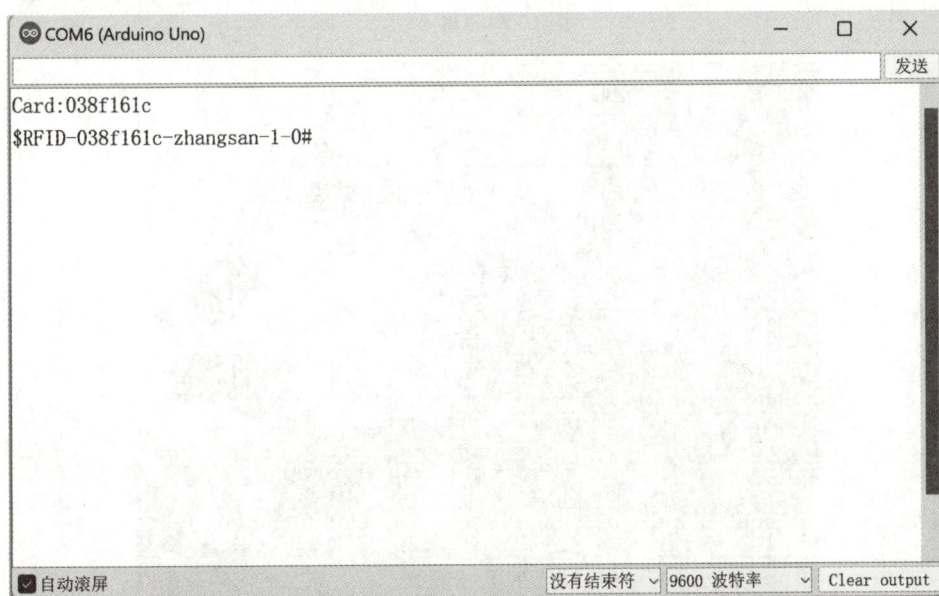

图 10.5　串口显示

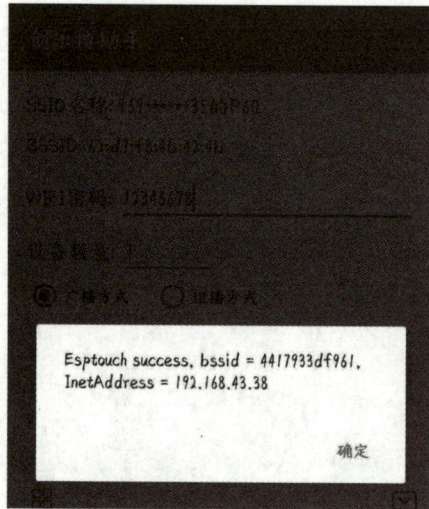

Esptouch success, bssid = 4417933df961, InetAddress = 192.168.43.38

确定

图 10.6　Wi-Fi 控制显示

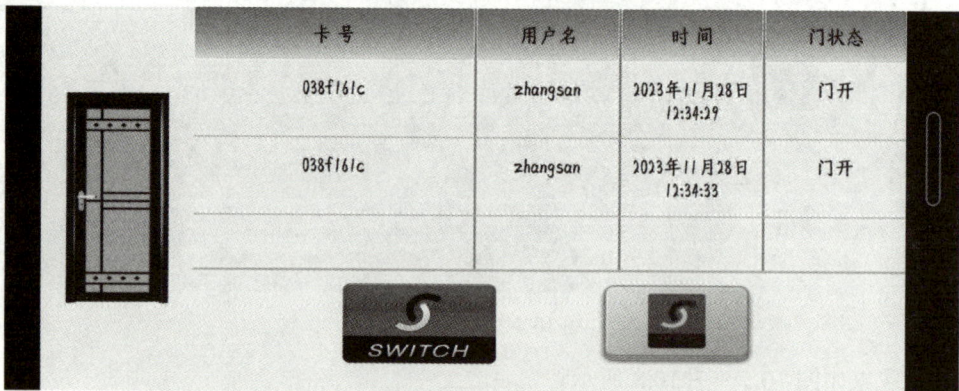

卡号	用户名	时间	门状态
038f161c	zhangsan	2023年11月28日 12:34:29	门开
038f161c	zhangsan	2023年11月28日 12:34:33	门开

图 10.7　APP 显示

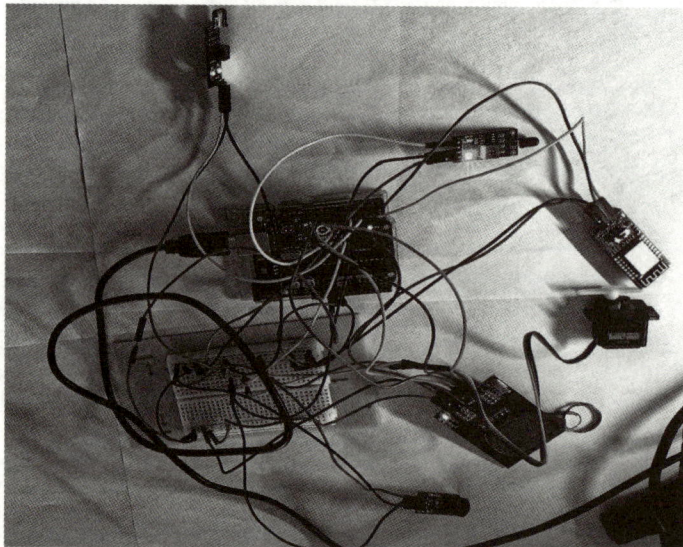

图 10.8　实物显示

本 章 小 结

　　本章的实践项目主要介绍如何使用 Arduino 开发板、RFID 模块、火焰传感器、舵机、红外传感器、Wi-Fi 模块、蜂鸣器设计一个智能化的实验室安全环境监控和报警系统。采用 RFID 模块实现刷卡，通过舵机转动实现门锁的闭合，模拟进入实验室；Wi-Fi 控制模块实现在手机端查看是否有人非法闯入，记录门禁系统的开关状态；红外传感器检测是否有人进入实验室，实现非法进入报警功能；火焰传感器检测是否有火灾发生，自动触发报警装置。

练习与思考

　　1. 火焰传感器的特点是什么？引脚有哪些？分别完成什么功能？

　　2. RFID 模块、Wi-Fi 控制模块如何与 Arduino 连接？

　　3. 如何实现报警？

　　4. 动手完成本实践项目。

参 考 文 献

[1]　董健. 物联网与短距离无线通信技术 [M]. 2 版. 北京：电子工业出版社，2016.

[2]　解相吾，解文博. 物联网技术基础 [M]. 2 版. 北京：清华大学出版社，2022.

[3]　李永华，王思野，高英. Arduino 实战指南：游戏开发、智能硬件、人机交互、智能家居与物联网设计 30 例 [M]. 北京：清华大学出版社，2016.

[4]　张懿. Arduino 编程从零开始使用 C 和 C++[M]. 2 版. 北京：清华大学出版社，2018.

[5]　李明亮. Arduino 技术及应用 [M]. 北京：清华大学出版社，2021.